Idea man

Idea man

みんな違う。それでも、チームで仕事を進めるために大切なこと

岩井俊憲——著

邱香凝——譯

求同存異，阿德勒職場領導學

團隊夥伴各個不同，照樣帶出績效的勇氣領導

推薦　與不同背景和觀點的人共事，是個人和團隊成功的關鍵

人類社會之所以能夠發展到今天的文明程度，很大程度上源於我們擁有溝通、表達和寫作的能力。這些能力使我們能夠塑造共同體的觀念，通過教育和社群的影響，讓我們明白自己歸屬於哪個群體。為了實現這個群體的共同目標和願景，我們願意犧牲小我完成大我。在ＡＩ時代，人類最重要的價值在於人性、人文精神以及與他人協作的溝通表達技巧。然而這剛好是我們傳統教育體系比較少教的。

很開心商周出版了《求同存異，阿德勒職場領導學》這本書，我自己非常推

薦，裡面詳細地用系統化邏輯的思維告訴我們可以怎樣做好溝通跟領導。尤其其中提到的SDGs概念，即永續發展目標，如何能使人類團結，讓推動永續教育培育的我非常感動。我覺得這本書提供了在多元化團隊中實現有效領導和合作的方法。

在過去的領導經歷中，我也曾經因為太過年輕當上主管，面臨年紀比我大的下屬的抗拒。盡管當時我還沒有讀過這本書，但今天回想起來，我已經運用了許多書中提到的方法。總結起來，這本書提到的觀念真的是非常有用的領導技巧。

本書以阿德勒心理學為基礎，探討了如何在多元化的團隊中實現共同成長。作者從阿德勒心理學的三大特點出發：橫向關係、建設性的觀點，以及對共同體．社會的貢獻。通過深入淺出的解說和實際案例，引導讀者認識如何運用這些特點，來帶領多元化的團隊取得佳績。

首先，「橫向關係」強調與他人建立平等、互助的關係。領導者應尊重團隊成員的個性和觀點，同時也要能夠與他們建立良好的信任和合作基礎。透過這樣的互動，團隊成員能夠更好理解彼此的需求與想法，以及如何協同合作以達成共同目標。

過去我面臨領導困境時，我也選擇開誠布公地向團隊說，我並沒有比較厲害，我們是對等的，大家作為團隊要一起找到方向創造價值，想不到這樣的關係建立帶來很好的回響。

再來則是「建設性」的觀點，在面對問題和困難時要保持樂觀積極的態度。也就是鼓勵團隊成員面對挑戰時保持自信和積極，領導者可以帶動整個團隊更好地適應變化，進而提升工作績效。

我們常會遇到團隊夥伴表現得不如預期，這時候比起表示不滿或者究責，以站在協助他人成長、達到目標的角度提出「建設性觀點」，可以有效激勵團隊前進。

最後，對「共同體．社會」的貢獻，意味著要關注團隊和個人如何對社會產生正面影響。領導者應該引導團隊成員關注社會需求，並將這些需求納入工作目標和願景中。這樣的價值觀有助於激發團隊成員的使命感和責任感，從而提高團隊的凝聚力和執行力。

我們要把目標放得更大更遠，不只是為了團隊的績效或者是公司的收益，更重要的是，我們的付出可以怎樣的影響社會，賦予價值感跟使命感。

在這個ＡＩ到來的變動時代，優秀的領導者需要具備與人溝通和合作的能力，這正是《求同存異，阿德勒職場領導學》一書所強調的。書中的觀點和方法對於在多元化團隊中實現有效領導和合作具有指導意義。

我相信本書不僅適用於領導者，同樣也適用於希望在職場中取得成功的每一個人。因為在這個日益多元化的世界中，學會與不同背景和觀點的人共事，是實現個人和團隊成功的關鍵。透過閱讀這本書，你將學會如何在職場中建立良好的人際關係，發揮個人潛能，並為社會做出貢獻。

總之，《求同存異，阿德勒職場領導學》是一本富有啟發性和實用性的書籍，適合所有希望在職場中取得成功的人士。通過閱讀這本書，你將學會如何運用阿德勒心理學的原理，應對多元化團隊的挑戰，並實現卓越的領導和合作。

我衷心推薦這本書，相信它將成為我們每個人職業生涯中的良師益友。

何則文

文策智庫執行長、TYCIA祕書長

前言

會拿起這本書的你，應該是團隊中的領導者、中間管理階級或站在經營管理立場的人吧。

「該如何讓部屬團結合作？」

「為什麼部屬都不積極主動？是我的帶領方式不好嗎？」

「部屬們各說各話，無法做出共識，真傷腦筋。」

「要帶領這群成員做出一番成果，該怎麼做才好？」

各位是否也有這些煩惱？

此外，你一定也是真誠懷抱「想獲得讓事情順利的提示」、「想知道解決問題更好的方法」、「想成長為更好的領導者」等想法的人，才會拿起這本書。

沒錯，在這個時代，要當一個領導者非常不容易。

從前，部屬的概念就是「男性、年紀比自己小、正職員工」，相較之下，現在的領導者面對的是有著各種立場的部屬。

男性、女性、年紀比自己小、年紀比自己大、約聘員工、一畢業就進入公司的「原生社員」、從其他公司轉職過來的「中途入社」員工……部屬也有各種類型的人。

有些公司甚至還有外籍部屬或專業能力高於主管的部屬。

不只如此，每一位部屬都有自己的價值觀，思考方式也呈現多樣化。

舉例來說，我曾聽過這樣的事：

主管半夜傳訊息給部屬，請部屬做某件工作。

站在主管的立場，他只是想「趁還沒忘記時，先把工作內容傳給部屬」。完全沒有「催促部屬趕快做」的意思。換句話說，他只是隨手做了這件事，並沒有想太多。

然而，部屬的感受卻不一樣。部屬向人事部提出申訴，說「半夜收到了主管的訊息。在工作時間之外傳訊息太沒常識了，就是因為一直有這種事發生，回到家也無法好好休息」。

「半夜傳訊息」這種事，對主管而言「只是隨手做了這件事」，對部屬來說卻是「沒常識的行為」。

這種觀念上的差異，在各種場合都看得到。

一到公司，就看到某位部屬坐在位子上吃早餐。

看到部屬這樣，有人認為「真是不像話，早餐就該在家吃好再出門」，也有人認為「一邊吃早餐一邊開信箱確認信件，很有效率啊，反正只要工作做好就好，在公司吃早餐也不是什麼大不了的事」。

在公司的忙碌期，有位部屬休假前一天才提出假單。請假原因只寫了「私事」。這種時候，有些主管會覺得「部屬有休假的權利，沒必要說明原因」，也有些主管認為「就算休假是員工的權利，在大家這麼忙的時候請假，總該說明原因吧」。

很難說哪一種想法才「適當」或「正確」，畢竟每間公司、每個職場的狀況都不一樣。不過，為此煩惱的主管應該也不少。

或許可以說，「兩者都沒錯」。

光是像這樣隨意擷取職場中的一幕來看，都能感受到工作者有各種不同的價值觀。

更何況，現在這個時代仍在不斷變化之中。**網際網路的發達，使溝通範圍變得更廣，速度更快，人們的價值觀也明顯伴隨著時代而產生劇烈變動。**

另一方面，過去領導者被視為統率的角色，需要發揮強大的領導能力，帶領部屬往前進。

組織也多半屬於「金字塔型」或「領導型」。

有些職場，只要身分是「領導者」，就能不由分說地命令部屬。也有光憑一己想法或思考就說「你不用管那麼多，聽我的就對了」，對部屬做出指示的領導者。

現在，單方面的命令或以強硬態度拉著部屬往前走的領導方式，老實說已經不管用了。這種作法只會被部屬批評為「老派領導者」或「威權騷擾」。

領導者和部屬之間的關係，已經愈來愈不屬於「上下關係」，漸漸出現平等、對等的趨勢。組織也慢慢轉變為「網路型」、「支援型」。

結果就是，和以前相比，領導者的「權威」漸漸消失。

職場呈現的多樣化，使身為領導的人很難「站在高處下令」，可是，又非得帶領眾人達成目標不可。

必須配合每個部屬的性格和問題，一方面做好溝通，一方面主導工作上的思考及行動，還得不時關心一下每個人，適時提供支援。

身為領導者，「溝通」與「保持良好人際關係」的力量不可或缺。

想必很多人都在這上面吃過一番苦頭。

而我認為，「阿德勒心理學」的觀念與方法，對正在煩惱這些事的領導者們能夠派上很大的用場，因而寫下這本書。

抱歉自我介紹遲了。我叫岩井俊憲。

一九八五年，以推廣阿德勒心理學為目的，我設立了HUMAN GUILD，近四十年來，為許多企業舉辦過研習講座及演講等活動。

超過二十萬人參加過我舉辦的研修及諮商，學到如何將阿德勒心理學應用在職場上。其中，我所舉辦的企業研修更以管理階層和領導階層為主要對象。

我為什麼認為阿德勒心理學最適合應用在現在這個多樣化、平等化的職場呢？原因有以下三個：

❶ 阿德勒心理學很重視「橫向關係」

在阿德勒心理學中，以「橫向」看待人際關係的觀念很重要。

阿德勒心理學認為從「上下」的角度看待人際關係，會失去精神上的健全。

人類雖然「各自扮演不同角色」，但沒有「上下之分」，這是阿德勒心理學的看法。

就算是親子關係、師生關係或諮商師與諮商者之間，都**沒有「上下關係」**，**只有「同為人類」的「對等關係」**。

公司組織裡也一樣。

在阿德勒心理學的看法中，「領導者和部屬，只是扮演的角色不同，在身為人的尊嚴上沒有不同」。

現在你是領導者，部屬只是在立場上身為你的部屬，你們之間沒有上下關係，充其量只能說是「各自扮演不同的角色」。

對日趨平等的職場來說，這是非常適切的觀念。
對原本在上下關係中「不擅長用上對下態度命令部屬」或「不擅長拉著部屬往前走」的人，只要維持自己原本的態度就行了。

❷阿德勒心理學很重視「建設性」的觀點

在阿德勒心理學中，比起用「正確／錯誤」或「好／壞」的觀點來判斷事情，**更重視「具有建設性／不具有建設性」的觀點。**

阿德勒在著作中大量使用「useful」這個詞彙。基本上，我將這裡的「useful」翻譯為「具有建設性的」，也可以說是「有益的」、「派得上用場的」，或者「方便的」、「有好處的」。

這個**「具有建設性」、「有益的」或「派得上用場的」觀點，就是阿德勒心理學最重視的事。**

具體來說，這是什麼樣的觀點呢？

身為領導者，常會遇到部屬之間想法不合，意見起衝突的時候吧。在這個價值觀多樣化的時代，想必更是如此。

「價值觀的不同」、「想法的不同」，有時會演變為「正確性」的衝突。當衝突演變得太激烈，彼此都宣稱自己的意見才正確時，經常會發展為毫無意義的爭執。

正是這種時候，更該重視「具有建設性的」及「有益的」觀點。

比方說，像「品質」與「成本」這種難以兩全的項目，只能「權衡取捨」。想做出高品質的商品，難免耗費高成本，但要是降低成本，品質也會跟著下降。

- 有人認為「為了做出高品質的商品，應該投入高成本」。
- 有人認為「只要能在決定好的成本內做出商品就行了，應該降低成本」。

就像這樣，雙方的意見起了衝突。

無論是認為「應該投入成本」的人，還是認為「應該降低成本」的人，兩者都宣稱自己的意見才是「正確」的。

然而，這時再怎麼爭論誰對誰錯，永遠得不出結論。以「正確與否」為爭議主軸，是解決不了任何問題的。

那麼，到底該怎麼做才好呢？

公司的目標很簡單，就是「提高收益」。那麼，**為了達到這個目標，「從現在開始，能做什麼」呢？只要專注去思考這個「解決方法」就好。**

「稍微降低一點成本，以做出成本內的最高品質為目標」、「為了做出高品質的東西，有時成本難免超出預算」，就像這樣，雙方各退一步，盡可能滿足對方的希望，最後做出彼此都能認同的結論。

總之，就是要透過討論，找到彼此都能接受的折衷方案。

爭論「正確／錯誤」或「好／壞」，只會淪於仲裁或批判，無法解決問題。

想讓工作有所進展，該做的不是「仲裁或批判」，而是找到「解決方法」。

- 就算部屬之間意見不同，領導者也不要「裁定誰是誰非」。
- 即使感覺到部屬想法「和自己不同」，也不要「試圖指正」。
- 即使彼此價值觀不一樣，也不要「批判對方」。
- 領導者和部屬雙方一起思考、討論「從現在開始，為了達到目標，我們能做什麼」，也就是思考「解決方法」。

請以這樣的態度為重。

面對不同意見時，與其耐心傾聽對方意見，不如和對方討論「我們接下來該怎麼做」。

用「彼此討論解決方法」取代「揣測對方的心情」。

或許有些人會認為，這樣的作法有點不近人情。

然而，在價值觀趨於多樣化，難以找到標準答案的現代，我認為這是非常重要的態度。

❸ 阿德勒心理學很重視「對共同體・社會的貢獻」

此外，**阿德勒心理學非常重視「共同體」**。

「共同體」指的是「複數人類」的意思，例如家庭、公司、地域社會及國家。

剛才有提到，阿德勒心理學很重視「具有建設性的」、「有益的」。

然而，那並非只「對自己」而言，還要加上「對團隊」、「對公司」。

對自己隸屬的團隊或公司來說，「是否具有建設性」、「是否有益處」是很重要的事。

換句話說，**阿德勒心理學是非常重視「團隊」與「組織」的心理學。**

回溯這樣的心理學，最終可在其根柢看見阿德勒如下的思考。

作為生物，人類以個體存在時並不強大。比起來，老虎、熊或大象要比人類強多了。可是，人類比其他生物存活率更高，甚至成為萬物之靈。

這是因為，**人類能夠「互助合作」、「建立組織．社會，彼此串連」的緣故。**

透過群聚創造團隊，在團隊中學會信任，彼此信任的團隊一起出發狩獵，帶回獵物。人類就是這樣生存下來的。

因為脆弱，所以人類互相幫助。

每個人都不一樣，既然彼此之間有個體上的差異，就要活用這樣的差異性來互助合作。

人類天生就懂得信任與互助的行為。

阿德勒便是將人類視為這樣的存在。

阿德勒說過這樣的話：

「我們在與他人的連結中生存。因為一個人很脆弱，能力有其極限，光靠一個人無法達成目標。」

引用自《自卑與超越》（*What Life Should Mean To You*）

「人類用建立集團的方法戰勝困難。不以孤立個人的身分，而是作為社會的一份子活下去。」

引用自《阿德勒心理學講義》（*The Science of Living*）

正因人類依靠「與他人連結」、「建立集團」而生，「對他人而言」、「對集團而言」是否有益處，就成了很重要的觀點。

若失去「為了團隊」、「為了公司」的觀點，人將無法達成偉大的目標。因為一個人的能力太弱小，有其極限。

而這裡所說的「集團」及「共同體」，也不只限於「團隊」或「公司」。阿德勒所說的「共同體」範圍，擴及「地域社會」、「日本」甚或「全世界」。**不只「為了自己的公司」，更要思考如何「對地域社會」、「對日本」、「對全世界」做出「社會貢獻」。**

現在，以SDGs（永續發展目標）為典型，企業追求的不只是自家公司的利益，現代社會中，企業更需要有解決社會課題的能力。

阿德勒心理學可以說是最適合這個時代的心理學。

你現在帶領著幾個「個性南轅北轍」的部屬，是否正煩惱著不知道該如何整合他們，不知道該如何帶領這個團隊做出成果呢？

「大家都不一樣，可是就算如此，也要帶領團隊在工作有所進展。為此，重要的是什麼？」答案可以整理為以下三大項。

● 領導者與部屬充其量只是「扮演不同角色」，彼此之間的關係應該是平等的。

●不要把注意力放在價值觀或意見的不同，要致力思考「從現在起可以做什麼」，找出解決方法。

●要有「為了團隊」、「為了組織」、「為了社會」互助合作，做出貢獻的想法。

具體的手法，繼續往下讀就會知道了。不過，這裡還是先把要點寫下來。

第一章「擁有『建設性』的觀點」，寫的是關於「放眼未來」、「維持解決問題的思考」等，身為領導者必須重視的思考方式。

第二章「調整價值觀」中，提到人與人之間，對事物看法或想法產生落差時，容易引發問題，導致人際關係變得複雜。但是，這些都可以變更、調整。這一章寫的就是關於思考與價值觀的調整。

第三章「不對部屬的言行舉止反應過度」。有些領導者放心不下部屬，總是說著「不想辦法幫幫他不行」或「你應該怎麼做」，忍不住自己跳下去幫忙。愈是好心、喜歡照顧人或責任感強的領導者，愈有這種傾向。本章寫的就是提醒這類領導者該注意的事項。

第四章「打造令人安心、信任的職場」，寫的是關於阿德勒心理學最重視的觀念──「共同體感覺」。

這一章的內容提及如何將團隊打造成「能夠彼此信任、互相尊敬的地方」，及「願意互相合作，貢獻自己力量的地方」。最近「心理安全感」這個關鍵字蔚為話題，本章的觀念和這個或許有些相近。

第五章「持續提出目的・目標」，寫的是關於面對目的・目標的方法。領導者在公司組織中最重要的任務，終究還是「做出成果」和「達成目標」。本章的主題即是「讓部屬看見目的・目標」。

現在，工作者的想法與價值觀漸趨多樣化。這件事本身並不壞。因為這表示，社會愈來愈朝尊重每個人思考與性格的方向邁進。

「讓每個性格不同的單一個人，在社會中互相信任，互助合作，做出貢獻，有所發展、成長」。最近我愈來愈覺得，秉持這個想法的阿德勒心理學正是最符合這個時代的心理學。

時代終於追上阿德勒的思考了呢。

以阿德勒心理學的思考方式為基礎，給領導者及團隊管理者的這套觀念和方法，如果能對您有所助益，就是再好不過的事了。

岩井俊憲

第1章 擁有「建設性」的觀點

目錄
CONTENTS

目錄

CONTENTS

第4章

打造令人安心、信任的職場

目錄
CONTENTS

第5章 持續提出目的．目標

Everyone is different.
However, that is important to
work as a team.

第 1 章

擁有「建設性」的觀點

即使面臨再困難的狀況，

即使團隊裡有人想法和自己不一樣，

身為領導者，仍必須要能夠思考：

「在眼前這個狀況、現在這樣的人際關係中，

接下來可以做什麼？」

這就是「解決問題的思考」。

不去看「做不到的事」，而是把眼光放在「能做什麼」上，

避免彼此無謂地爭執誰的意見才「正確」。

本章要告訴大家的，就是關於對領導者而言，

最重要的「建設性」觀點。

任何時候都能朝具有建設性的方向前進

如何完善運用現有的資源

因為公司調動的關係，有兩個人成為連連虧損又有難搞部屬的團隊領導者。

「被調到討厭的部門了，真慘啊！總之就先乖乖待著，等待下次人事異動的機會吧！」這麼想著，用毫無幹勁的態度隨便完成工作，在居酒屋裡發牢騷，藉著喝酒排解煩悶的A。

「之前一直虧損，就表示還有反負為正的機會。和個性獨特的部屬攜手合作，努力工作吧！」這麼想著，盡可能傾聽部屬心聲，為了減少部門虧損，尋找團隊還有哪裡可以改善的B。

哪一位的言行舉止才稱得上有「建設性」呢？

其實不是不能理解A的心情，不過，B才是具有建設性的一方。

就算面對令人想發牢騷的狀況，就算待在自己無法認可的職場，還是願意去**思考「現在開始可以怎麼做」，用開朗、健全、積極向前的態度行動，這樣的人才稱得上具有建設性。**

可是，人們往往會像A一樣，說著「職場爛得無藥可救，事情做不好也是沒辦法的事」，或「遇到不好的團隊成員，所以很多事都做不到」，像這樣把責任推給環境或身邊的人。用環境、條件或身邊的人當作「不做事」或「做不到」的藉口。

然而，**即使在同樣的環境、條件或人際關係下，會做的人還是會做，做得到的人還是做得到。**

又不是所有在惡劣環境下成長的人都會為非作歹。
又不是所有進入黑心企業的員工都會得憂鬱症。
又不是所有失戀的人都嚷嚷著「這輩子再也不談戀愛了！」，堅持單身一輩子。

也不是所有說著「自己初出茅廬的時候，上司更嚴厲」的領導者，都會對自己的部屬一樣嚴厲，只會用施壓的方式和部屬溝通。

「不想把自己還是菜鳥時承受的無謂折磨加諸部屬身上」，也是有會這麼說著，秉持和善態度及理性智慧與部屬溝通的領導者。

要選擇走哪條路，由自己決定。

阿德勒重視的是**「自己做出選擇」，而既然兩者都可以選，就要「選擇有建設性的一方」。**

阿德勒說過這樣的話：

「重要的不是人生下來時擁有什麼，而是如何完善運用現有的資源。」

引用自《阿德勒個體心理學》（*The Individual Psychology of Alfred Adler*，暫譯）。

阿德勒兒時患有佝僂症（軟骨病）。這是一種骨頭軟化，腿部彎曲變形，身高很難長高的疾病。

但是，即使阿德勒抱著這樣無法自由行動的病體，他卻以此作為激勵自己的動力，踏上追求醫學的道路，更建立了阿德勒心理學的體系。

阿德勒自己就是身體有所缺陷，仍朝具有建設性方向扭轉命運的其中一人。

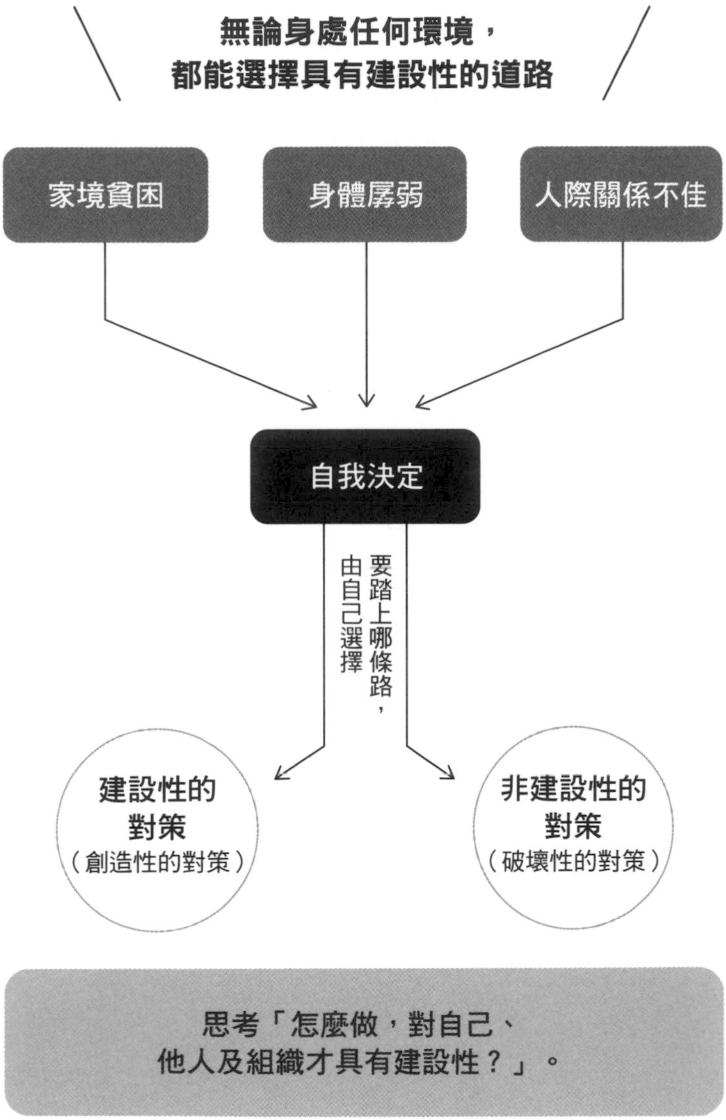
無論身處任何環境，
都能選擇具有建設性的道路
家境貧困
身體孱弱
人際關係不佳
自我決定
要踏上哪條路，
由自己選擇
建設性的
對策
（創造性的對策）
非建設性的
對策
（破壞性的對策）
思考「怎麼做，對自己、
他人及組織才具有建設性？」。

≫會受到影響，但不會因此決定一切

無論置身何種環境，「自己前進的方向可以由自己決定」、「選擇具有建設性的道路」都是非常重要的觀念。

然而，「自己選擇」這件事，換句話說就是「一切全憑自己決定」、「自己的行動自己負責」。

這種想法和「自己責任論（把一切責任都歸咎於自己）」有共通之處，難免讓人感覺有些無情。

「這樣會不會太嚴苛了點……」或許也有人這麼想，對此感到不解。

的確，如果只是稍微不利的環境，或許還有辦法保持積極，還做得出思考解決對策的行動，若是換成極端惡劣的環境，人很可能就失去信心了……這種心情我也能夠理解。

原本隸屬業務部的王牌，如果只是調到完全不同領域的部門，或許還能告訴自己「無論在何種環境都要努力」。但是，換成被派到治安惡劣的國外分公司，必須面對一意孤行，聽不進部屬意見的上司和聽不懂日文，老是想偷懶的部屬，又被公司要求在這種狀況下做出一番成績，難免懷疑自己是否真能努力，也未必能積極向前思考對策。

然而，「自己做選擇」的觀念，並非只是「一切全憑自己決定」或「把一切責任歸咎自己」的決絕思考。

雖說「無論身處何種環境，都要自己選擇具有建設性的道路」，但多少還是會受到「環境」影響。

愈是惡劣的環境，愈是嚴重的意外，愈容易造成影響。這種時候要走上健全且具有建設性的道路也特別難。

不過，重要的是：

「環境會造成影響，但環境不會決定一切」。

換句話說，環境的影響不是「因為〇〇，所以一定會××」，或「做了〇〇就一定會變成××」的因果關係。

不會因為「被調派國外分公司」，就導致「人生完蛋了」。

部屬有問題，職場糾紛不斷，也不等於「一定會失敗」。

無論置身何等惡劣環境……

無論遭逢多大的意外……

無論面臨多麼不幸的狀況……

重要的都是心中抱持「盡可能朝建設性方向前進」的想法。

或許在惡劣環境、倒楣狀況下，很難告訴自己「要健全思考」，可能也很難積極向前。

或許沒辦法馬上轉換念頭，心想「朝具有建設性的方向努力吧」。

即使在這樣的狀況中，希望你能這麼想：

「接下來要怎麼做，自己可以決定」。
「盡可能做出健全而具有建設性的思考和行動吧」。
希望所有領導者都能重視這個觀點。

不必追究生氣的人為何生氣

人會不開心都是有「目的」的

在辦公室裡工作的時候，有時會聽見同事用力敲鍵盤，或故意大聲嘆氣，講話時語氣帶刺等情形。職場上，經常有人煩躁生氣。

這時，有些人可能會想「咦？是我做錯什麼了嗎？」、「我剛才說話語氣不好嗎？」等，試圖找出「原因」。

然而，在阿德勒心理學中，看到別人表現煩躁焦慮或生氣臭臉時，該做的是去思考對方的「目的」，而不是找「原因」。

「目的？什麼意思？」或許有人會這麼問。

這意思就是，人們其實是透過「表現煩躁的態度」，傳達「自己想達成的事」或「想表達的事」（＝目的）。

舉例來說，表現煩躁焦慮的人，「目的」是透過「煩躁焦慮的態度」告訴周遭「希望你們知道我很忙」。

也有可能他的「目的」是想告訴周遭的人，「自己現在手頭的工作進展得不順利」。

關於「不開心」的情緒，阿德勒說過這樣的話：

「這孩子沒有好好融入社會，其結果就是，『展現不開心的態度』成為她為數不多的活動領域之一。不開心是她用來抗拒母親最好的方法，正因如此，她才總是表現得很不開心。」

引用自《阿德勒談生命風格》（*The Pattern of Life*）

換句話說，**「不開心」是她用來達成「抗拒母親」這個「目的」的最佳手段。**

看到別人不開心時，大多數人都會先想「他／她怎麼了？」，試圖找尋「原因」。

可是，一如我前面提到的，人類即使在同樣狀況或環境下，也未必會採取相同行動。

「因為〇〇，所以一定會××」、「做了〇〇就一定會變成××」，這樣的因果關係是不成立的。

既然如此，上述案例中，該做的就不是去想「少女為何不開心」，而是思考「她不開心的目的是什麼」。

比方說，在製造業等「物品」的世界裡，追究「為什麼」就是有用的事。這是因為其中確實存在「因果關係」。

在人際關係中，思考「目的」比思考「原因」重要

不開心不是為了某種「原因」

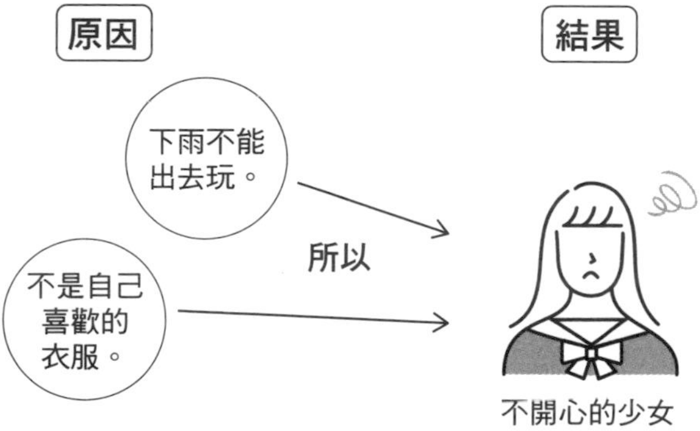

不開心是為了達到某種目的的手段

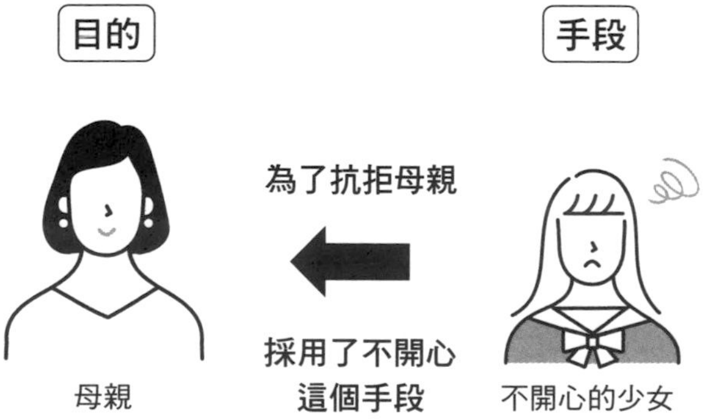

因為物品上有「按下按鈕」就會「啟動機器」的機制。

同樣的道理，也可以套用在自然界的法則上。

「水會結冰」是因為「溫度低於攝氏零度」。

像這樣，在物品或現象的世界裡，因為存在確實的因果關係，思考「為何」與「原因」才會有效。這也是為什麼，在出錯、遇到問題或進行不順利的時候，問「為什麼」或追究「原因」很重要。

然而，就算想從人類身上找出「原因」，由於每個人做出的行動都不一樣，再怎麼思考「原因」也沒用。

既然如此，就不必太執著於從別人的言行舉止中找出「原因」了。

更重要的，應該是去思考「目的」，這樣更有建設性。

「表現得不開心」目的是「想遠離他人」。

「發怒」的目的是「想讓對方按照自己的想法去做」。

「表現沮喪」的目的是「希望別人察覺自己的心情」、「希望多少受到一些關注」。

「不開心」、「憤怒」、「沮喪」等情緒都是為了某種「目的」而產生的。為了達到某種「目的」，人們才會發動這些情緒。

試著對職場上部屬或工作夥伴的言行舉止思考一次，「這個人這麼做，是為了什麼目的」吧。

比起找尋原因，這麼做更容易找出解決問題的方法。

≫對同事暴躁易怒的人，在家可能是冷靜溫和的

你是不是也遇過這個狀況？

團隊裡一個臭著臉做事的部屬，正在大聲指責同事的失誤時，他的手機忽然接到客戶打來的電話。

瞬間，那個臭臉部屬就變了個人，以朝氣十足的聲音對著電話那頭說：「感謝您平日的照顧！」

面對「同事」時就臭著臉。

面對「客戶」時就朝氣十足又開朗。

就像這樣，行動與態度是會隨著「對象」而改變的。

阿德勒心理學認為，人類所有行動必定有其「目的」，也有其「對象」。人類會在預設「特定對象」的情況下採取行動。

工作時總是匆忙急躁，容易焦慮發怒的部屬，在家裡可能是個冷靜溫和，慢條斯理的人。

「表現得匆忙急躁」和「焦慮易怒」，都是為了達到「早點回家」的目的。

可是，他並非對誰都「表現得匆忙急躁、焦慮易怒」。

即使在同樣的環境中，當「對象」是「客戶」時，他也可能瞬間變成一個

「看上去心情很好的人」。

同樣的，回到家後，面對「妻子和小孩」時，「個性溫和，講話慢條斯理」可能才是他平常的面貌。

人會根據「對象」的不同改變「目的」。這就是「態度因人而異」的事會發生的原因。

≫不是以發怒告終，要去知道「生氣的目的」是什麼

當過主管就知道，難免會有對部屬感到難以按捺的煩躁，或夾在自己的上司和部屬之間，氣對方「為什麼就是不能理解」等「生氣」的時候。

這種時候，不是忍不住向對方爆發，就是自己拚了命地忍耐，結果不知不覺在職場上表現出不高興的態度。不管哪一種，都讓自己討厭起自己來。

有這種經驗的人應該不少吧。

不過，必須注意的是，只有在「以部屬為對象」時才表現出不悅、煩躁易怒態度的人。

因為「憤怒」這種情緒，特別容易對「立場比自己弱小」的「對象」發洩。

例如父母對孩子、教師對學生、上司對部屬。

一旦這樣的模式固定下來，就會形成「一方高壓掌控，一方受掌控的關係」。就人類而言，這絕對稱不上健全健康的關係。如果發現自己陷入了這種模式，最好趕緊修正。

話雖如此，我也認為「憤怒」這種情緒，有時「實在是沒辦法」。

我不認為「憤怒」是百分之百不好的。

正因為是人，難免也會有不開心，忍不住焦慮急躁的時候。

這種時候，我的建議是——**「去釐清自己憤怒的目的」**。

如同前面一再提到的，「憤怒」的情緒有其「目的」，也存在著「對象」。

上司發怒最常見的目的之一，就是「希望部屬按照自己的期待行動」，換句話說，這是一種掌控欲。

還有一種是，「上司不樂見自己的尊嚴受到太大損傷」，可說是以「防禦」為目的的發怒。

當你心懷不滿、焦躁不耐，或是怒上心頭，即將把這份怒氣對誰發洩之前，請先這麼想：

「我發怒的對象是誰？目的是什麼？」

光是這麼一想，就能整理自己的情緒，減少將無謂的怒氣發洩到別人身上的次數。

接著，**請試著思考「目的」的背後有何種心情。**

在「希望部屬按照自己的期待行動」背後，有時其實是「我很不安」或「我很擔心」的心情。

「不樂見自己的尊嚴受到太大損傷」背後，有時其實是「我很傷心」、「我很失望」的心情。

當自己能察覺目的背後的心情，之後做出的反應就不一樣了。

忍不住對職場上或工作的事煩躁動怒時，請先試著養成這樣的思考習慣：

「在這個目的的背後，我真正的心情是什麼？」

不要只是向對方發怒就結束，要去面對、察覺自己真正的心情，這才稱得上是有益的、有建設性的習慣。

人會因「對象」不同而改變行為

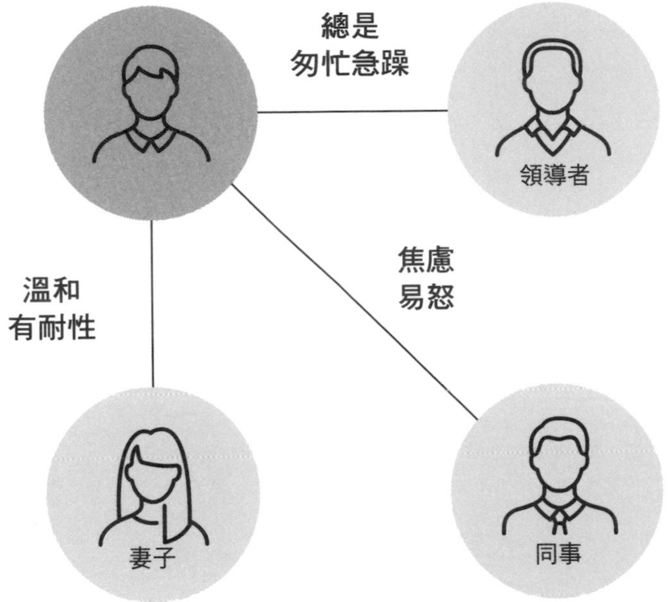

人類所有行為與情緒都有其「對象」，
行為與情緒則因「對象」而異。

正因居於劣勢，才有成長空間

人類擁有進化的潛力

「想出人頭地，拿到更大件的案子。」

「想開發對人類有幫助的商品。」

「想要更高的薪水，想住更好的房子。」

每個人對未來都有「想成為這樣」、「想成為那樣」的正面積極想像。

這稱為「假想目標」。

然而，當下這個階段，我們仍未到達「想成為這樣」、「想成為那樣」的假想目標。

「假想目標」與「現狀」之間是有落差的。

和假想目標相比，對現狀總感覺有所不足。

正因為有「假想目標」與「現狀」之間的落差，正因為對現狀感到不滿足，人類才會「成長」。

也就是說，正因有目標與現實之間的落差，才會秉持意志力做出朝目標前進的努力，因此得以成長。阿德勒心理學認為這就是人類會做出的行為。

阿德勒這套思考的基礎，在於人類的進化。

人類與其他動物不同，有著「想成為這樣」的目標，也會為了接近目標而努力。

人類不像鳥類有翅膀，所以製造了飛機。人類不像魚類會游泳，所以製造了船舶。正因「理想中的目標」與現狀之間有落差，人們為了接近自己理想的樣貌而付出努力，促成了人類的進步。

這就是阿德勒心理學根柢的觀念。

因此，**阿德勒心理學認為，「任何人都擁有進化的潛力，有成長的意願」**。

阿德勒說過這樣的話：

「所有人類的動機來源，以及為人類文化發展做出所有貢獻的源泉，正是對優越性的追求。人類生活的全體，大致都在這條動線上前進。換句話說，就是從下往上，從負面到正面，從失敗到勝利。」

引用自《自卑與超越》

「個人心理學將人類精神上的一切現象，視為朝一個目標前進的過程。」

引用自《認識人性》（*Menschenkenntnis*）

人類能夠朝向目標成長

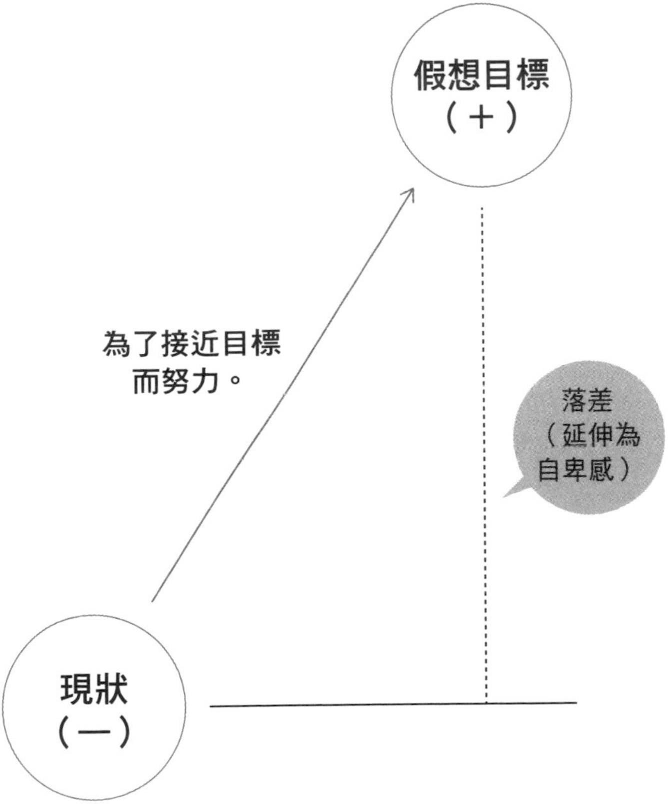
假想目標
（＋）
為了接近目標
而努力。
落差
（延伸為
自卑感）
現狀
（－）

重要的是「如何善用」自卑感

剛才提到，「我們『想成為這樣、想成為那樣』的假想目標，與現狀之間有所落差」。在阿德勒心理學中，基於這種落差而產生的負面情感，稱為「自卑感」。

對於尚未達成「想成為這樣、想成為那樣」中理想狀態的自己，我們會產生一種負面情感，這就是「自卑感」。

另一個類似的詞彙是「弱勢」。

弱勢是多數人來看都認為如此的狀態。例如身體機能的缺陷。弱勢有著「對生活造成不利的客觀屬性」，例如「耳朵聽不見」或「眼睛看不到」都屬於弱勢。

相較之下，「自卑感」只是一種「感覺」，屬於「自己的主觀感受」。

「身邊的人並不這麼認為，只有當事人這麼想」的，才是自卑感。

舉例來說，即使考出「全學年第五名」的成績，只要當事人認為「沒有考第一不行」，在他心中就會產生「不如人」的自卑感。

就算身邊的人都稱讚某個女生「好可愛」，只要她自己認為「我長得這麼醜……不喜歡五官的這個部分，也討厭那個部分，討厭這麼醜的自己」，那她也會產生自卑感。

然而，阿德勒並不否定這樣的「自卑感」。

阿德勒並不否定認為自己「身高太矮」、「不會唸書」、「頭腦不好」、「長得不可愛」、「工作做不好」等「和他人相比且主觀認定自己不如人」的自卑感。

阿德勒說，自卑感能「刺激自己朝健康、正常的方向努力」。

正因為有自卑感，所以能「超越困難」、「嘗試努力」，如此一來，人就會成長。

換言之，帶著「自卑感」行動也很重要。

重點在於，自己能否將自卑感朝具有建設性的方向運用。而不是把自卑感當成自我否定的材料。

阿德勒說過這樣的話：

「因為人類有『不如人』的情感，才會朝成功的方向付出努力。」

引用自《阿德勒心理學講義》

「我在工作上不像那個人那麼有實力」。這麼想著，產生自卑感時，你會「喪失幹勁」，還是「努力想辦法追上他一點」呢？

「我沒有好學歷，口才又不好」。這麼想著，產生自卑感時，你會「一味指責自己只是個無聊的人，其他什麼事都不做」，還是「試著想想有什麼是自己辦

何謂「弱勢」、「自卑感」、「自卑情結」？

弱勢

對生活造成不利的客觀屬性。
具有大部分人看來都如此認為的特徵。
例如「耳朵聽不見」、「眼睛看不到」。

自卑感

自己的主觀感受。
就算周圍的人不這麼認為，
當事人仍抱持這種情感。
例如「不會唸書」、「長得不可愛」。

自卑情結

把自卑感當成自我否定的材料。
糾結於自卑感，
做出非建設性或破壞性的舉動。
異常放大的自卑感。

得到的，從怎麼說話開始練習吧」。

哪一種態度對自己的人生才是正面加分且具有建設性的，應該不用說也很清楚吧。

產生自卑感時，重要的是「如何活用它」。

要是把自卑感當成自我否定的材料，糾結於自卑感，做出非建設性、破壞性的舉動，這時的自卑感就不只是自卑感，而成了「自卑情結」。

自卑情結是一種「異常放大的自卑感」，阿德勒形容「這幾乎只能說是一種病」。

遇到困難的時候，「弱勢」會被拿來當成逃避的藉口。而什麼都不做，自甘陷入糟糕的狀況，待在糟糕的環境卻動也不動的人，就是「自卑情結」發作了。

人類因為懂得合作才會進化

》重視「為誰付出」的心理學

還記得本章開頭曾提到A與B兩個人嗎？

當我談到「擁有具建設性的觀點」及「做出具建設性的選擇」時，偶爾會有人說：「A做出的選擇，某種意義而言也是有益且具建設性的考量吧？」

的確，如果只站在「對自己而言」的立場想，A做出的或許是有益且具有建設性的選擇。

然而，若站在「團隊的立場」或「公司整體的角度」來思考，又是如何？

要說明這一點，必須先說明什麼是「共同體感覺」。

「共同體感覺」是阿德勒心理學中最重要的一個概念。

大多數人應該都對「共同體感覺」這個詞彙很陌生吧。這究竟是一種什麼樣的感覺呢？

「前言」裡曾稍微提到一點，所謂「共同體」指的是「複數人類」，例如家庭、公司、地域社會或國家等。因為人類在個體、單獨的狀態下做任何事都有其極限，唯有組織共同體，互助合作才能達到遠大的目標。

比大象或老虎還弱小的人類，之所以能成為萬物之靈，正是因為我們懂得「組成團隊同心協力」，以及「具有社會性」的緣故。

人類群聚而生，形成團隊，學會信任與互助合作，為團隊帶回獵物。

正因人類以這種方式存活，阿德勒心理學認為「信任共同體」及「運用自己的優點為共同體做出貢獻」，是人類與生俱來的能力。

「適應社會與劣勢是一體兩面的問題。因為單一個人力量弱小，居於劣勢，人類才會創造社會。換句話說，共同體感覺就是秉持社會性的互助合作，達到救助單一個人的作用。」

引用自《阿德勒心理學講義》

「共同體」有許多種範圍。只要有複數人類，就有「共同體」。

有狹義的共同體（我和你、家庭……等），也有廣義的共同體（國家、世界……等），共同體的定義也有許多種。

所謂共同體感覺，指的是對共同體中其他夥伴的「關心」，以及相信夥伴的「信任」，還有希望盡可能為夥伴的幸福與成長做出貢獻的「貢獻感」。

除此之外，對隸屬的共同體還能感受到「自己在這裡有一席之地」、「待在這裡就能感到安心」的歸屬感及情感。

共同體感覺就是上述對共同體的「信任感」、「貢獻感」、「歸屬感」等情

感的總稱。

只要從這種角度思考共同體感覺，就會知道「對團隊而言」、「對公司而言」、「對社會而言」的觀點非常重要。

本章開頭的A，只「站在自己一個人的立場」思考。如果每個人都「只站在自己一個人的立場」思考什麼才有益，對團隊不會有幫助。

若無法從「對周遭的人而言、對團隊而言」的角度思考，終究稱不上是有益而有建設性的觀點。

共同體感覺不只是感情好

我在研習講座或演講中提到「請大家培養共同體感覺」時，經常有人會誤以為這是要「和眾人建立良好交情」的意思。

當然，以廣義的範圍來說，「和眾人建立良好交情」也不算錯。只是，在職

何謂共同體感覺？

共同體感覺

歸屬感

- 感覺「有一席之地」。
- 感覺「待在這裡就能安心」。

信任感

- 對夥伴抱持真誠的關心。
- 信任夥伴。

貢獻感

- 思考「自己的職責、扮演的角色是什麼？」。
- 思考「自己應該為共同體做什麼？」。

「信任感」、「貢獻感」、「歸屬感」等情感的總稱。

場上的共同體感覺，應該是這樣的：

「站在彼此建立信任關係及夥伴情誼的前提下，彼此為了共通的目的思考『自己能做什麼』」。

用足球國家代表隊來比喻，或許比較好懂。代表隊裡的選手們，難道就真的「跟每個人交情都很好」嗎？

應該不是吧？個別的選手之間，不一定非得建立朋友一般的交情不可。最重要的是「為了迎向勝利這個共通目的，隊友們相信彼此的力量，互相尊敬，互助合作」。

在同一個球隊裡，一定會有個性合不來的選手，也會有和自己個性相投的選手。但是，這個和「為了隊伍的勝利，自己可以做什麼」是兩回事。

信任同隊選手們的能力，相信隊上每位選手都會為求勝利全力以赴，相信彼此都將發揮最大實力。同時，對團隊抱持「這裡有我的一席之地」、「只要待在這個隊上，我就能夠奮戰」的歸屬感。

這就是共同體感覺。

每個人都不一樣，這是理所當然的事。能力不一樣，性格也不一樣。團隊裡會有你喜歡的人，也會有說不出為什麼處不來的人。有合得來的人，也有合不來的人。這是理所當然的事。

然而，在每個不一樣的人聚集而成的共同體中，重要的是每個人都擁有對夥伴的信任感，以及思考「自己扮演什麼角色」、「自己應該為共同體做什麼」的貢獻感。

此外，再加上「這裡就是我的容身之處」、「只要待在這裡就能感到安心」的歸屬感，一定更容易發揮自己原有的實力。

≫和SDGs及「無塑生活」有共通之處

這樣的「共同體」感覺，真要說起來其實有各種定義，範圍也很廣泛。

阿德勒說「不只限於人類，對世界上所有生命」都應抱持共同體感覺。

此外，也含有「不只限於『現在』，更包括對於『未來』能做什麼」的意思。

這麼聽起來，或許有人會覺得「範圍太廣，都搞不清楚到底在說什麼了」。

不然，我換個方式說吧。

還記得看到海龜因人類丟進海裡的塑膠垃圾而受苦的樣子，人們發起的「停止使用塑膠產品」活動嗎？

「無塑」運動之所以興盛，出發點並不是「為了人類」，而是為了海龜。

海龜和我們同樣都是地球這個行星上的生物，自然可以視為夥伴。

這就是阿德勒說的，**要去思考「不只限於人類，而是對世界上所有生命」，我們能做些什麼。**

另外一點的「對於未來」，又是怎麼回事呢？

共同體感覺的範圍很廣

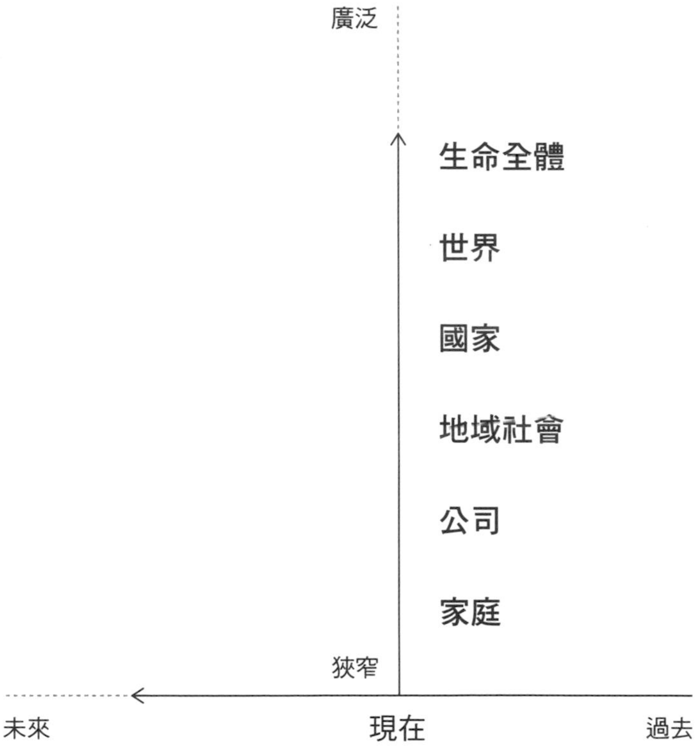

共同體感覺的觀念，
和無塑生活及SDGs有共通之處。

請試著想想，最近經常聽到的「SDGs」（永續發展目標）以及「碳中和」。

這些都是從「為了未來的孩子們，不要再繼續傷害這個地球，要好好珍惜環境」的想法發展而來的。

完全符合**廣義「共同體感覺」中的「不只限於現在的人類，更要去思考對未來的人類能夠做什麼」**。

擁有廣義共同體感覺，指的就是這種事。

在二十世紀初期，就已經提倡「包含人類在內，為了所有的生命」、「為了未來的世界，為了未來的人類」，思考自己能夠做什麼的人，那就是阿德勒。

關於「共同體」，阿德勒說過這樣的話：

「無論多完美的人，如果沒有培養並充分發揮共同體感覺，就不會成長。」

引用自《認識人性》

「共同體感覺就是『指引之星』。」

引用自《生命的意義》（*Der Sinn des Lebens*，暫譯）

對領導者來說，理解「共同體感覺」是非常重要的事。沒有共同體感覺，人類將無法成長。

身為領導者的人，更應該要知道每個人都有不同的個性，重要的是彼此體諒，彼此信任，彼此尊敬，同心協力思考「自己能為團隊做什麼」。

第 1 章
重點

▼ 即使在同樣狀況下，也能自己選擇要朝「具有建設性」的方向前進，還是朝「非建設性」的方向前進。無論狀況多艱難，朝具有建設性的方向前進，都是非常重要的一件事。盡力思考「現在我能做什麼」。

▼ 「身高比別人矮」、「頭腦比別人差」、「工作做不好」等，站在自己的主觀與他人相比而感到不如人，這種「自卑感」無須否定，反而能成為成長的動力。重要的是「如何善用自卑感」。

▼ 「與共同體取得折衷協調」、「為了共同體，自己能貢獻什麼」。培養這樣的「共同體感覺」很重要。每個人都不能失去「為了他人」的觀點。

Everyone is different.
However, that is important to
work as a team.

第 2 章

調整價值觀

明知應該要抱持「具有建設性的觀點」，
有時做起來就是很難。
明知該朝對自己或團隊而言「具有建設性的方向」前進，
陷入苦惱的時候，沮喪失落的時候，
遇上許多麻煩的時候，判斷力難免失準，
無論如何都做不出健全又具有建設性的判斷。
正是這種時候，希望大家都能來讀讀第二章的內容。
本章要說的，是「秉持均衡觀點」
及「調整價值觀落差」的重要性。

任何人都能以獨特觀點詮釋事物的意義

≫價值觀相差太大就容易引起問題

在此問一個問題。

假設辦公室裡，有兩個人正為了工作方式激烈爭辯，指手畫腳，大聲堅持自己的主張，引起周遭的人側目。

這時，看到這一幕的你，內心有什麼想法？

「喔喔，很積極嘛！對工作有熱情是好事。」是像這樣給予正面評價。

「那兩個人這麼大聲好像在吵架，討論就討論，態度不能和平一點嗎？」還是像這樣有點排斥。

「怎麼啦、怎麼啦？到底在吵什麼？」或者，像這樣抱著看熱鬧的心情旁觀？

明明看見的是同一幕中同樣的事實，卻產生了「正面看待」、「有點排斥」和「看熱鬧」三種不同反應。

你自己的反應比較接近哪一種呢？

還是說，又是另外一種完全不同的反應？

如上所述，在辦公室裡看到同一件事，每個人看待這件事的觀點、解釋與定義卻都不同。

面對眼前發生的事，每個人解釋、定義的方式都不一樣。

每個人都有自己獨特的觀點與詮釋。

就像每個人心裡都戴著一副自己專屬的眼鏡，透過「內心的眼鏡」看出去，

面對眼前發生的事，每個人都有自己獨特的解釋方式

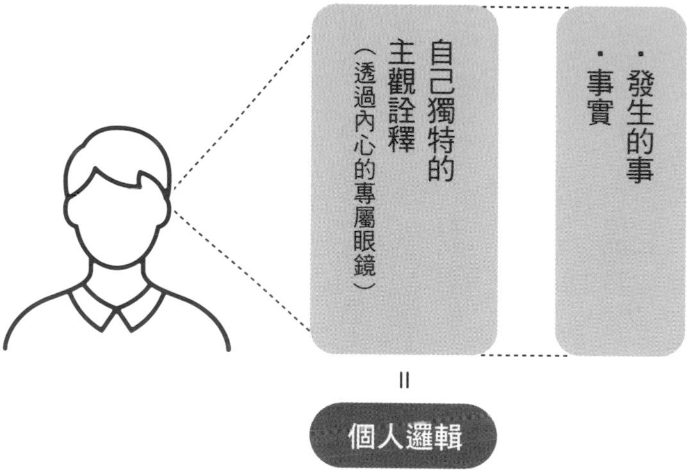

- 每個人面對眼前發生的事或某件事實，都有自己的一套解釋方式（個人邏輯）。
- 每個人的個人邏輯都有一點不同。
- 個人邏輯太過扭曲時，最好加以修正。

看到的東西都不太一樣。

因此，這裡的「如何解釋、定義」，也就是我們對事物的「認識」（看法、詮釋方式），和別人不一樣也沒關係，這不是問題。

因為每個人都有自己對事物獨特的認識方式。這種專屬於自己的獨特詮釋也可以稱為「個人邏輯」。

不過，有時個人邏輯卻會出現極端扭曲的狀況。

愈無法與常識妥協的人，個人邏輯就會愈極端。當個人邏輯極端扭曲時，就會引發人際關係上的問題，造成職場上的不和諧。

你身邊是否也有這樣的人呢？

- 只是用委婉語氣稍微糾正他一下，就說「這種公司我不幹了！」的人。
- 只是自己下訂單時出了一點小差錯，就嚴重沮喪、自責著說「我真無能」

的人。

- 只是在會議上被說了反對意見，就生氣質問對方「你是不是討厭我，仇視我！」的人。
- 聽到同事家中孩子發了燒，主管說「你快回去吧，剩下的工作交給我」，就說主管「只偏愛那個同事，不公平！」的人。

簡單來說，就是「看事物的觀點、對事物的解釋方式」和周遭的人比起來「不太協調」的人。

在這種情況下，個人邏輯和周遭其他人比起來扭曲得太嚴重的人，很容易引發問題。人際關係不順利，讓自己和周遭的人都不舒服的情形愈來愈多。

因此，當個人邏輯像這樣變得過度偏激時，最好加以修正。

不過，說著「我才不會用那種極端的看法解釋事情呢！」的人也需要注意。

因為人難免會遇到沮喪、煩惱，或是大受打擊，陷入苦惱的時候。換句話說，每個人的個人邏輯都有可能出現偏激的狀況。

價值觀有落差就去修正

那麼，當自己對事物的看法、解釋或價值觀與周遭的人有所落差時，該怎麼辦才好呢？

重要的是讓自己的感覺「向別人靠攏」，盡量貼近身邊其他人對事物的看法、解釋或價值觀。

如果在團隊裡或社會上，大多數人的感覺都跟自己不一樣，且這樣的情況造成非建設性或不健全的結果時，向別人靠攏就是很重要的事。

在阿德勒心理學中，有一種「與共同體折衷協調的感覺」。

阿德勒心理學也被稱為「common sense（常理）的心理學」。common sense在此雖翻譯為「常理」，其實我認為，翻譯成「共同感覺」更為貼切。

對現在自己隸屬的共同體更有建設性的感覺，這就是「共同感覺」。當共同感覺與自己的詮釋（個人邏輯）有重大落差，或因落差引起不恰當的結果時，都有必要修正。

- 只不過是信回覆得慢了點，就說對方「態度叛逆」。
- 只不過是偶爾出了點文件上的差錯，就說「不能把工作交給那傢伙」。

和這種人工作起來很辛苦。

光是回信慢一點，就會被他視為「態度叛逆」，嚴厲批判。這麼一來，周遭的人也不得不小心翼翼。一般人遇到晚回信的情形，多半會想「可能很忙吧」、「可能沒注意到吧」，沒想到竟然有人會把回信慢視為「態度叛逆的證據」，覺得莫名其妙或因此嚇到的人應該也不少。

同樣的，只是偶爾出了點文件上的差錯，「這種失誤很常見」、「等一下再去提醒他一下就好」的想法，比較不會和周遭的人起衝突。

「『用常理做出判斷』和『靠自己做出判斷』，多數時候都是常理做出的判斷正確。」

引用自《阿德勒心理學講義》

「常理具有與他人互助合作的一面，沒受過互助合作訓練的人，多半討厭常理。」

引用自《自卑與超越》

從「更多」、「更廣」的觀點去思考

≫借助「多數人的觀點」思考

當「共同感覺」與「個人邏輯」落差太大時，必須去貼近對方，取得折衷。

這種時候，有個重點。

那就是——**「更多」、「更廣」的觀點。**

在阿德勒心理學中，對狹窄範圍內的共同感覺起疑時，會建議大家去參考「更多人採用的觀點」或「範圍更廣泛的觀點」。

從更多人採用的觀點或範圍更廣泛的觀點思考，就會是更具建設性的思考，也是符合常理的思考。

擔心自己的觀點是否與人脫節時，重要的是去詢問職場上其他人的意見。

假設職場上有A、B、C、D、E五個人，如果想讓自己的感覺更接近「共同感覺」，就要配合這五人中最多數人的感覺做調整。

這不是由其中一人特別強調的感覺去帶領眾人的意思，也不是由領導者說了算。

舉例來說，主管收到部屬用LINE傳來的請假聯絡，當下他的感覺是有點生氣，認為「請假怎麼可以只用LINE傳訊息了事！」。

這種時候，請主管問問周遭的人或其他部屬：「你對於用LINE傳訊息請假有什麼看法？」

如果得到的多半是「沒什麼關係啊」的意見，那麼主管最好還是配合大家。很意外的，自己是少數派的情形並不罕見。

就像這樣，**建議各位領導者多多請教周遭的意見，藉以調整自己的感覺。**

借助「多數人」的觀點去思考

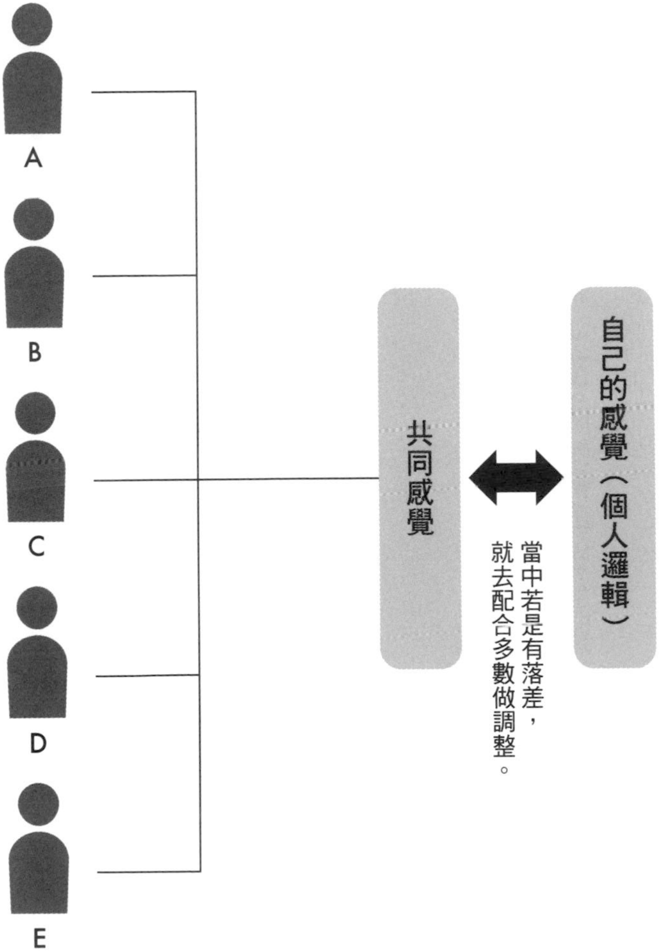

發生問題、產生衝突、莫名感到做事不順利時，請試著養成這樣的思考習慣：

「雖然我自己對這件事這麼解釋，不知道其他的人怎麼看？」

還有，如果可以的話，請盡可能多聽同一個職場或團隊裡多數人的意見。

這麼一來，就能逐漸修正自己在感覺與個人邏輯上的落差，減少人際關係受挫或引發問題的機會。

「社會生存訓練與常理之間有直接關聯。運用常理解決問題，就等於活用社會上累積的集體智慧解決問題。」

引用自《阿德勒心理學講義》

用「一般社會」的觀點取代「職場」的觀點重新思考

此外，從「範圍更廣泛的觀點」來思考事物也很重要。

即使自己的個人邏輯與職場上的共同感覺相符，職場的共同感覺也可能跟不上時代，甚至不恰當或不健全。

舉例來說，現在雖然已經幾乎沒人這麼想了，假設現在跟你同個職場的五人中，有四個人都認為「泡茶是女性員工的工作」。換句話說，這就是你所屬職場的共同感覺。

在這個職場裡，明顯與共同感覺出現落差的，是五人中唯一的女性員工。然而，以這個案例來說，「女人就該泡茶」的想法，已經是被時代淘汰的觀念，更可說是對女性的歧視。

無論放眼其他公司的狀況，或是對照目前社會上的一般常理，都會發現「女人就該泡茶」已經「稱不上是社會大眾的共同感覺」。

如上所述，站在比「所屬職場的共同感覺」更廣泛的範圍來看「社會上一般人的共同感覺」時，若發現所屬職場的共同感覺與社會一般人出現明顯落差，就應該去調整自己的感覺。

像這樣不斷反覆進行「價值觀的調整」，與職場、團隊及社會的感覺協調折衷，是非常重要的事。

希望各位領導者也能建議部屬用這種方式著手調整自己的價值觀。當然，最重要的是身為領導者的你，一定要先養成這樣的習慣。

比起職場上的共同感覺，有時更該配合「範圍更廣泛」的共同感覺

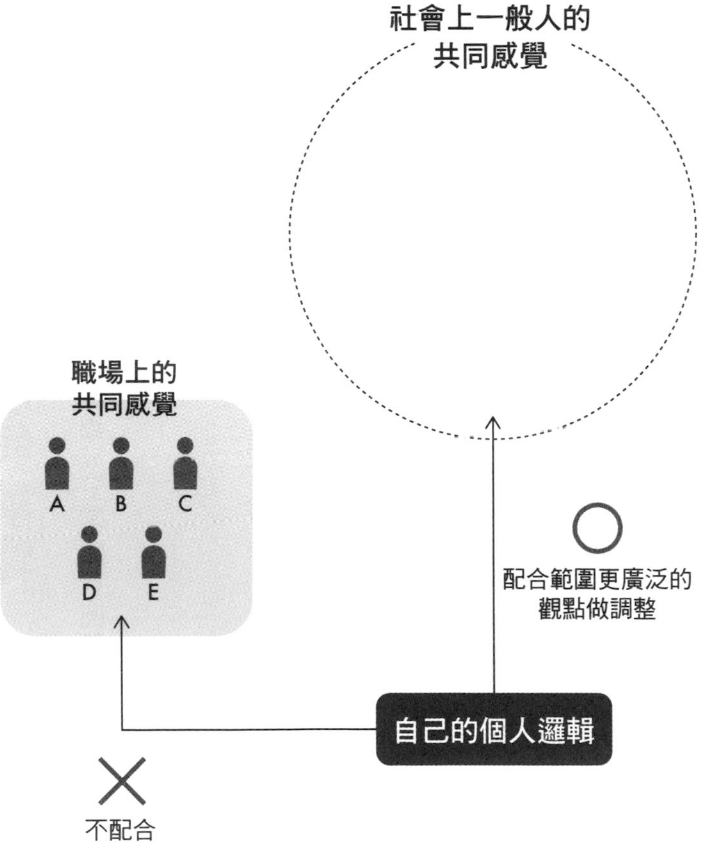

避免過度極端的看法與解釋

不下「絕對」、「一定」等定論

接下來要聊的，是乍看之下好像不會犯，其實很多人都曾這麼做過的「極端的看法與解釋」。

首先，是**「妄下定論」**。

你是否也曾用過「絕對」、「肯定是……沒錯」或「一定……」等詞彙？

當口中說出這種「妄下定論」的詞彙時，就是該注意的時候了。

避免「妄下定論」是很重要的事。

比方說，把部屬的工作表現說成「這個絕對是敷衍了事」，這也算是妄下定論的一種。

就算部屬完成的簡報內容的確不夠完整。可是，光看這個事實就說「絕對敷衍了事」就是妄下定論。

他「有可能敷衍了事」，這只是可能性之一。說不定真相是當時「他身體不舒服」。

或者是「孩子和太太都感冒臥床，為了照顧病人和做家事，忙得沒時間好好做簡報」。這也是可能性之一。

然而，身為主管的你卻用「絕對……」、「肯定是……沒錯」來下定論。只能說缺乏深思熟慮，也沒有確實掌握狀況。

「每逢重要時刻，〇〇一定會請假。」這也是妄下定論。

當然，假如十次重要時刻中，對方有十次都請假，那確實可以說是「每逢」、「一定」。

問題是，如果他只在十次裡請了三、四次假，用「百分之三十」或「十次裡有三次」的說法才恰當。

當「絕對」、「肯定是……沒錯」、「一定……」等詞彙從自己嘴裡說出來時，請先像下面這樣對自己提問，仔細思考。

「真的是『絕對』嗎？」

「做出『肯定……沒錯』的定論前，沒有其他可能性了嗎？」

「認為『一定……』的根據是什麼？」

請盡可能避免採取妄下定論的態度。

指摘部屬的失誤或缺點時，更是需要避免使用這類詞彙。

指摘部屬的失誤或缺點時，只要「點出事實」就可以了。

例如：「你最近交報告的時候，十次裡有五、六次都遲交喔。」

和部屬溝通時，重要的是避免使用極端的形容詞妄下定論，只要平鋪直敘事實即可。

不以「大家」、「全部」來誇飾

有些人會說「大家都不懂」。

當我聽到「大家」這個詞，總會心想「啊、又是個言詞誇大的人」。這時我可能還會問對方：「所謂的大家是幾個人啊？」

像「大家」這種用誇大詞彙放大事實的說法，就是「誇飾」。

舉個例子，有的主管會說「部屬全都不聽話」。

然而，仔細問了就知道，假設他有五個部屬，其實不是五個都像他說的那樣「不聽話」。

的確，A部屬總是表現出反抗的態度，不聽主管的指示。可是，B部屬雖然有時會反駁，大多數時候還是會把該做的工作做好，C部屬和D部屬則有看人臉色的傾向，真要說的話，個性都屬於溫和派。至於E部屬，雖然不曾出言反抗，但卻是沒交待的事就不會主動去做的類型。

就像這樣，仔細看就知道，每個人都不一樣。

用一句「大家都……」帶過，是對事實的錯誤認知。

之所以會造成這種看法，可能只是因為「A部屬老是持反抗態度，E部屬又不主動做事」的狀況持續了一陣子，讓這位主管感到很厭煩而已。

人在感到厭倦或沮喪的時候，往往容易脫口而出「大家都……」之類的誇飾詞彙。

除了「大家」以外，「全部」、「總是」等用語，也屬於「誇大表現」的詞彙，使用上要多加小心。

不要把一次的失敗想成「老是失敗」

「過度一般化」也是必須注意的毛病之一。

比方說，剛進業務部的新人在第一個跑業務的客戶公司受到冷淡的對待。

於是，這位新人說：

「我身邊的人都對我很冷淡。」

「我這種人不適合當業務。」

聽到他這麼抱怨，你會怎麼想？

「不過是遇到一次比較嚴格的客戶而已，到底在說什麼啊！」

「只憑一次的經驗就扼殺了未來的發展性，太可惜了。」

是不是會這麼想呢？

不能只憑一次的經驗，就說是「每次〇〇就會××」，把單一案例套用到所有事情上。

我們必須避免這樣的「過度一般化」。

只因一兩次的事例，就悲觀心想「我總是〇〇」，將無法接受各式各樣的挑戰。

的確，要是一百次中連續一百次都遇到一樣的情形，最好改變原本的想法或做法。

可是，只是連續一兩次而已，就說「我總是〇〇」或「每次都這樣」，這就是把特例過度一般化了。

以前曾有人舉出某位名人的名字，說「我跟這人是朋友」。我驚訝地問：「欸？真了不起！你們現在還是常碰面嗎？」

對方回我：「我們以前讀同一所大學，當時出去玩過一次喔。」這回答讓我更驚訝了。

某種意義來說，這也是「過度一般化」了。「只出去玩過一次就叫朋友」，未免也太極端了吧。

≫放棄「應該……」、「非……不可」的想法

不只領導者，容易在人際關係上陷入苦戰的人，多半都有個特徵。

那就是特別執著於「應該……」、「非……不可」的思考迴路。

「時間就該抓得寬鬆一點，行動起來才會從容不迫。」

「指定的目標非得完成不可。」

「工作還沒做完不該準時下班。」

像這樣很愛強調「應該……」、「非……不可」的人，自己被自己訂出的規矩束縛了。同時，也常因為堅持過頭而吃苦頭。

尤其當他們把相同原則強行加到別人身上時，連人際關係都會出現疙瘩。他

滿嘴的原則也害別人吃苦了。

這樣的上司，不是強迫部屬接受「收到電子郵件就該立刻回信」的價值觀，就是因為部屬「還沒把我指示的工作做完，竟然就回家了」而生氣。

其實，這些「應該……」、「非……不可」，都只是你個人的價值觀。

在現代這個發展出多元價值觀的社會上，強迫職場上其他人接受自己的價值觀，常常是人與人之間起衝突的原因，自己也會因此而不好過。

成為領導者之後，請盡量放棄「應該……」、「非……不可」的想法。除了可避免與部屬發生不必要的衝突外，更重要的是，能保護自己的心。

彼此各退一步，協調折衷，找尋自己能做的事。這種具有建設性的行為，才是明智的選擇。

「雖然覺得『應該……』，不過這種程度就算了」。抱著這樣的心情，不只自己比較輕鬆，人際關係也常因此獲得改善。

第2章 重點

▼每個人對事物都會有自己獨特的見解與詮釋。透過只屬於自己的眼鏡看出的事實，每個人都有一套自己的個人邏輯。當個人邏輯極度偏激扭曲時，就要多加注意了。

▼周遭大多數人的認知與自己的認知有很大程度的落差時，就要加以修正。對狹窄範圍內的共同感覺感到疑惑時，就去參考「更多人的觀點」。參考「更廣泛的範圍」內的眾人意見，才是更有建設性的做法。

▼首先，必須避免對事物的極端看法或極端的解釋。注意不要陷入「肯定是……沒錯」或「絕對」等的「妄下定論」，也不要淪為「大家都不懂」的「誇飾」，以及光憑一個例子就把一切套用上去的「過度一般化」。

Everyone is different.
However, that is important to
work as a team.

第 3 章

不對部屬的言行舉止反應過度

這是善良貼心或熱心照顧部屬的領導者，
最容易陷入的問題。
那就是——忍不住太在意眼前部屬的言行舉止，
為此苦惱、焦慮、擔心，
做出種種過度的情緒反應。
某種程度來說，你應該要認清
「部屬的問題」就該「由部屬自己解決」。
偶爾對部屬無情一點也是必要的事。
當然，無情態度的根柢依然存有
「信任部屬的心情」和「祈求部屬成長的心情」。
本章傳達的是
「不對部屬的言行舉止反應過度」必須重視的事。

把「自己的課題」和「對方的課題」分開來想

≫如果揣測不到「對方對什麼事有著什麼想法」，就不要揣測

眼前的部屬看起來心情不好，你對此有什麼想法呢？

- 陷入不安地想「是我剛才說錯了哪句話嗎？」
- 不耐煩地想「什麼嘛，那點程度的工作量就不開心了嗎？」
- 擔心猜測「他跟團隊處得不順利嗎？」

就像這樣，有些領導者動不動就對部屬的言行舉止產生反應。

的確，既然身為領導者，和部屬一起工作時，難免會有各種想法。

尤其是個性細心體貼或善於照顧部屬的領導者，更容易出現這種傾向。

但是，部屬「心情不好」的原因太多了。

「關於交件日的事，被客戶說了重話」、「手邊的工作進展不順利」、「拜託同事的工作對方忘了做」……這些都有可能。

或者，也很有可能是「身體不舒服」或「家裡發生什麼事」等與工作無關的原因。

更何況，現在是個價值觀多元化的時代，要掌握每個部屬「會怎麼想什麼事」實在太難了。

說得極端一點，他「心情不好」的原因，搞不好只是因為早上換了新髮膠，用不順手，髮型打理不好而已。

既然如此，根本就不需要知道部屬心情不好的原因是什麼。

追根究柢，部屬心情不好，可以說是部屬自己的問題。

正如本書中提及多次的，**自己的情緒由自己決定。**因為「即使置身同樣狀況中，自己想怎麼做，是每個人可以自行選擇的事」。

工作再辛苦，還是有兩種選擇。是要當成「難得的機會，就樂在其中吧」，還是「牢騷發個沒完」，端看自己如何決定。

說部屬是「自己決定」要不開心的，也不為過。

對身為領導者的你而言，雖然不是「完全無關」，但那也只能說是「部屬必須自己解決的問題」。

面對心情不好的人，不必試圖找出對方心情不好的原因，更不需要這樣要求自己。重要的是劃分清楚，知道是「那個人自己的問題」就好。

干涉對方的課題，只會弄擰人際關係

除了前一段提到「是部屬自己的問題」外，阿德勒心理學認為，超乎必要干涉對方的情緒或個性，會把人際關係弄擰。

在此，舉下面這個例子來說明。

看到負責一件新工作的部屬A似乎很不安的樣子，身為領導者的主管感到擔心，就給了A一些建議，也從旁支援A的工作。

沒想到，對於主管的做法，部屬B卻生氣地說「主管對A太縱容了，我認為你太偏心A」。被B這麼一說，主管心想「這樣啊，是不是只要在旁守護就好了呢」，決定減少對A的支援。

這次輪到部屬C有意見了。C很沮喪地說「主管真令我失望，竟然幫到一半就對A置之不理」。

於是，主管又趕緊對C解釋了之前發生的事。然而，主管為了這些事，在

A、B、C三人身上花了太多時間，自己的工作都沒法好好做。不只如此，A始終沒能好好成長，團隊內的人際關係也產生了疙瘩……最後落得如此莫名其妙的下場。

感受到部屬的不安時，身為領導者的你當然會產生想幫忙的心情，這是可以理解的事。

但是，就算部屬再怎麼不安，老是給他建議或出手支援，不但增加領導者自己的負擔，部屬也不會成長。

部屬的不安，是部屬自己問題。也可以說，是部屬自己應該解決的問題。

這時如果出手解決部屬的問題，不是成為「為部屬花了太多時間心力，自己的工作做不完」的過勞領導，就是養出「怎麼都不會成長」的沒用部屬。

領導者出手幫部屬解決問題，有以下四種壞處：

一、部屬無法獲得靠自己解決問題的能力；

二、部屬變得依賴領導者，把責任都推到領導者身上；

三、部屬情感受傷，變成叛逆的部屬；

四、領導者愈來愈忙。

為了避免引發這些壞處，看到部屬遇到問題時，請先後退一步想「那是他應該自己解決的問題」，才是比較好的做法。

「分離課題」的手法

人際關係出現疙瘩或發生問題時，我經常建議使用「分離課題」的手法。

這裡雖然用了「課題」取代「問題」，其實就是一樣的意思。

所謂分離課題，就是把對方的問題劃分出去，想成「那是對方應該自己解決的問題」。

具體而言，是怎麼一回事呢？

比方說，有個老愛偷懶，做事態度不積極，「不好好工作」的部屬。

對於這位「不好好工作的部屬」，領導者經常關心他的工作進度，為他提示工作目標，或是具體指示他該採取哪些行動，用盡了各種方法幫忙。可是，工作成績還是不如預期，拿不出好的成果。

於是領導者煩惱地想「到底該怎麼做才對呢？」，也擔心「是不是我的做法不好？」。

然而，我想提醒的重點是，**到最後「有沒有好好工作」，終究還是「部屬自己的問題」**。

因為不好好工作，結果無法成長、獲得的評價變差，甚至被解僱，會對這些後果感到困擾的，是部屬自己。

日本有句諺語說「即使能牽馬到水邊，也無法強迫馬喝水」，就是這個意思。就算領導者可以想盡辦法督促部屬工作，最後要不要把工作做好，還是部屬自己的課題。

可是，領導者對「不好好工作的部屬」產生了擔心、煩惱的情緒。這麼一來，「擔心」和「煩惱」等情緒，就變成了「領導者的課題」。因為擔心或煩惱的都是領導者自己，不是部屬或其他人要求你這麼做的。看到部屬的想法或行為，「領導者心裡怎麼想」。這個「想」的部分，就是「領導者的課題」。

如上所述，明明面對的是「不好好工作」這個「對方的課題」，領導者卻像是當成了「自己的課題」似的，陷入擔心或煩惱的情緒，甚至為此沮喪。這正可說是「混淆了課題的狀態」。

當你也陷入把對方的課題和自己的課題混淆在一起，無法釐清時，請試著這麼思考：

「這個行為帶來的後果，最後該由誰承受」。

這麼一想，就能把「對方的課題」和「自己的課題」分離開來了。

「不好好工作」這個行為帶來的後果，最終會以「無法成長」、「獲得的評價變差」等形式落在部屬身上，由部屬自己承受。所以，這是部屬的課題。

對部屬的言行舉止「擔心」、「煩惱」的行為，帶來的後果則會落在領導者身上，由領導者承受。所以，這是領導者的課題。

領導者逕自選擇擔心煩惱，最終就得接受落在自己身上的課題。

看到「不好好工作」的部屬，很多領導者都會擔心煩惱。

可是，「都怪部屬不好好工作，我才會這麼煩惱」，就是無法好好分離課題的狀態。

再次整理如下：

想辦法讓部屬積極工作，這是領導者的課題。但是部屬實際上有沒有好好工作，這是部屬的課題，領導者無法決定。

此外，即使部屬最終仍選擇「不好好工作」的行為，對此產生的任何情緒，都是領導者的課題。

像這樣整理起來，就**更容易明白自己該做的事，人際關係也簡單多了。只要把自己該做的事做好，剩下的就是「對方的課題」。**

發現自己可能對眼前部屬的言行舉止反應過度時，就要去想：「這個行為帶來的後果，最後該由誰承受」。

請試著用這個方式釐清「自己的課題」和「對方的課題」吧。

何謂「分離課題」？

「自己的課題」與「對方的課題」
混淆不清的狀態。

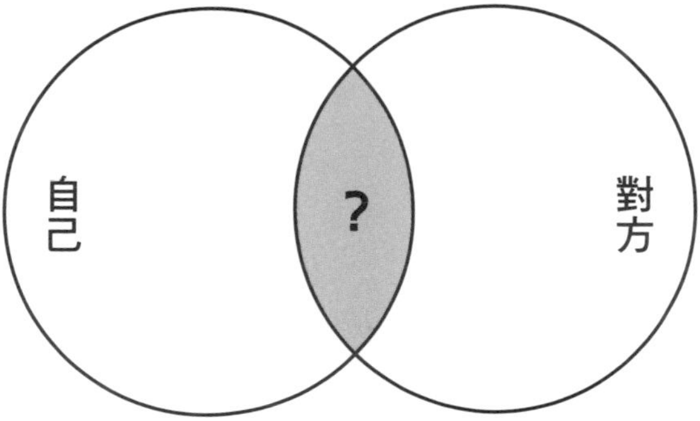

從「這件事的後果，
最後該由誰承受？」的
觀點來思考。

劃分「自己的課題」與
「對方的課題」。

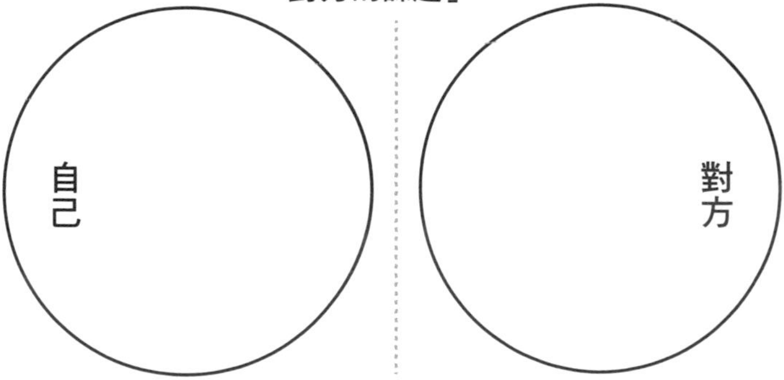

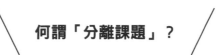

領導者與部屬協力面對的課題是什麼？

領導者的課題是擅自抱持期待

畢竟是一整個團隊一起工作，問題也會落在領導者身上。

當團隊裡有個「不好好工作的部屬」，公司對領導者的評價會變差，團隊其他人的士氣也會低落，對領導者而言，終究會對這件事感到困擾。

這種時候，問題就變成「共同的課題」了。

「辦公桌不收拾整齊」、「找不到自己的東西」等部屬個人的行為，最終只會造成部屬自己的困擾。這是「部屬的課題」。

若領導者看到部屬的辦公桌亂七八糟，自己忍不住煩躁起來，「煩躁」的人是領導者自己。這是「領導者的課題」。

只不過，當部屬因為辦公桌亂七八糟而「搞丟合約書」，這顯然會造成公司的損失，領導者也得因此負起責任。這時，事情就同時成為「領導者的課題」和「部屬的課題」了。換句話說，這是「共同的課題」。

領導者對部屬擅自懷抱「期待」，這也是「領導者的課題」。

「希望部屬更積極面對工作」、「希望團隊裡的大家能同心協力」，領導者對部屬懷有這樣的期待。

但當部屬無法「符合領導者的期待」時，領導者感到生氣焦慮，便會忍不住出言糾正或指責。

問題在於，「期待」是領導者擅自加在部屬身上的東西。至於要不要回應領導者擅自懷抱的期待，那是部屬的自由。

不過，如果公司裡的「王牌員工」做出不符合「公司對他期待」的工作成果，因此對身邊的人造成很大影響時，這件事就成了「共同課題」。

這種時候，請領導者對部屬採取「請和我一起思考」的態度。

≫符合某些條件的才能當作「共同課題」

並不是在職場發生的問題就會自動變成「共同課題」。

那麼，在什麼狀況下會成為「共同課題」呢？

共同課題成立的條件，大致上可分為兩種：

①有任一方提出「協商」或「拜託」

比方說，部屬說「不知道工作該怎麼做，可否請您指導」，找領導者協商或拜託。在這個階段，這還是部屬的課題。

共同課題成立的條件是？

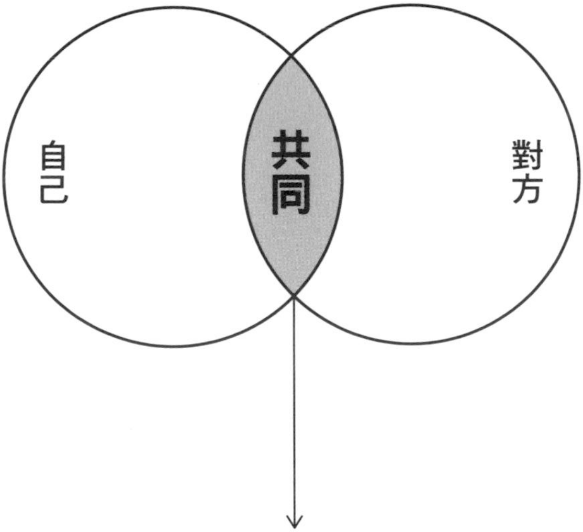

共同課題成立於何種狀況？

1. 有任一方提出「協商」或「拜託」；
2. 對某一方造成「困擾」。

當領導者做出回應，說「那我們一起來想想看吧」，接受了部屬的拜託時，「共同課題」就此成立。

②對某一方造成「困擾」

舉例來說，交給部屬處理的工作一直沒有進展。到這裡還可說是「部屬的課題」。可是，當工作因為毫無進展而被解約，或是收到客戶的嚴重抗議等，實質上對部門或公司造成傷害時，這就成了領導者與部屬的「共同課題」了。

這種時候，必須有把問題視為「共同課題」的共識，彼此互助合作，解決這個困境。

≫先「分離課題」，才會產生互助合作的關係

在此，請各位注意先前提到的「分離課題」。

「不是把課題分離之後就沒事了」。

「這是你的課題，不是我的課題」，若抱著這種想法，用不干己事的態度面對部屬，或許自己心裡會很輕鬆。但是站在部屬的角度，會認為領導者放棄了自己。說不定還會認為「自己不受領導者重視」。

「分離課題」，只能說是前置作業，「先把糾纏不清的線頭解開」。

解開線頭，釐清課題的下一步，必須建立「彼此互助合作」的關係。

分離課題頂多只是「建立互助合作關係的必要手續」。

比方說，領導者和部屬為了推廣業務，一起去見客戶。

在會合場所碰面時，領導者發現部屬表情有些無精打采。

這時，看到部屬無精打采的表情，領導者推測原因可能是「部屬抗拒今天的業務」，或「部屬對今天的業務是否順利感到不安」。

有些領導者可能會瞬間有點火大，心想「等一下就要去見客戶了，怎麼能擺出那種表情！」。

可是，會這麼想，就表示領導者沒做好「分離課題」。因為「見客戶時露出無精打采的表情」是部屬自己的課題。

只不過，等一下要去見的是很重要的客戶。帶著那種表情去見客戶，不只是部屬自己的損失，對領導者而言也沒好處。

這種情形，同時也會對領導者造成困擾。

這時候，問題就變成「共同課題」了。領導者必須向部屬開口提出「這是我們的共同課題」。

面對「等一下要一起去見重要客戶」這個「目的」，一起思考接下來彼此能怎麼做。

領導者：「你的臉色有點難看，沒事吧？」

部屬：「是啊，不過我沒問題。只是昨天晚上一直睡不著而已。」

分離課題，為的是達到「互助合作」的目標

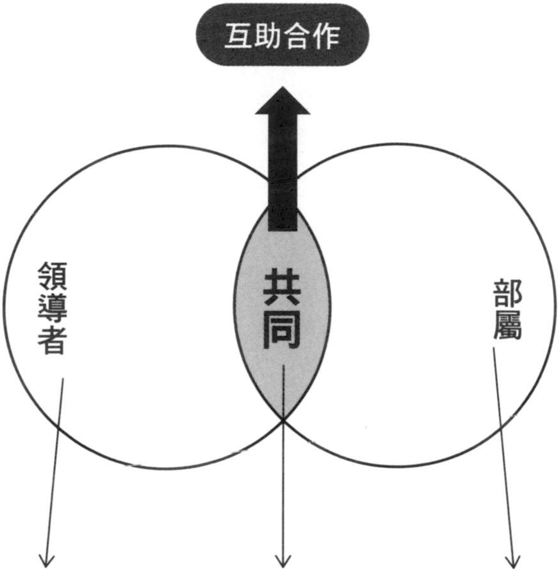

領導者的課題

只會落在領導者身上

例：看到部屬無精打采的樣子，感到擔心或生氣。

共同課題

會對某一方造成困擾

有任一方提出「協商」或「拜託」

例：「因為等一下要去見的是重要客戶……」領導者這麼說著，跟部屬商量如何應對。

部屬的課題

只會落在部屬身上

例：提不起勁去見客戶（表情無精打采）。

領導者：「等一下要去見的是重要客戶，要是你身體不舒服，資料說明就交給我來做吧？」

部屬：「我身體沒有不舒服，等一下到對方公司後，我會振作精神好好說明資料。只是，如果有說明不充分的地方，還請您幫忙補充。」

像這樣把話說清楚，領導者也能做出「明白了。為了做好補充說明的準備，你先把今天資料裡最重要的部分跟我說」等後續回應。

這樣的對話，才稱得上是聰明又有建設性的對話。

現在，眼前的部屬露出無精打采的表情，這是部屬的課題。但是，和帶著這種表情的部屬一起去見客戶，這就成為你們的「共同課題」了。

面對接下來的「共同課題」，重要的是兩人要一起思考「接下來能怎麼做」。

≫好好把話說出來討論

要使問題成為「共同課題」，建議先經過以下手續：

一、把「協商」或「拜託」的話說出口

要使個人課題成為共同課題，一定得先清楚地把話說出口，無論是提出協商、拜託或建議，都必須好好說出口。

始終悶不吭聲的話，任何問題都無法成為「共同課題」。

二、彼此討論是否要當作「共同課題」

不是部屬提出「請把這個問題當成共同課題」，領導者就非得接受這個「共同課題」不可。

「這是你的課題，請你自己一個人解決」。當然也可以像這樣表明拒絕的意思。

是否要將一個問題視為「共同課題」，必須先經過雙方充分的討論。

三、成為共同課題之後，就要合力尋找解決對策

彼此取得共識，成為「共同課題」後，解決這個問題就是所有相關成員的責任。

大家一起同心協力尋找解決對策是很重要的事。

≫一起思考，一起解決

那麼，解決共同課題的重點又是什麼呢？

一、部屬來協商時盡可能傾聽

部屬來找領導者商量事情時，如果領導者置之不理，容易讓部屬感到「自己不受重視」。

使問題成為共同課題的手續

❶ 把「協商」或「拜託」的話說出口

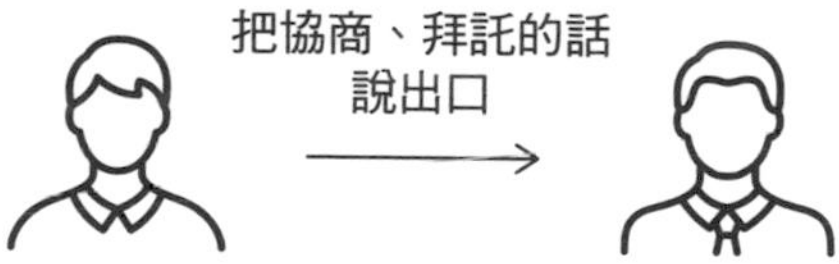

❷ 彼此討論是否要當作「共同課題」

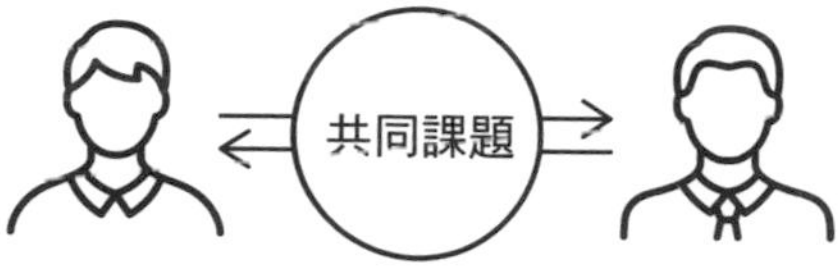

❸ 成為共同課題之後，就要合力尋找解決對策

這樣的情形若變得嚴重，部屬將會開始認為「找領導者商量也沒用」，再也不找領導者商量工作上遇到的問題。

所以，請盡可能傾聽部屬的協商。

不過，這裡有一點必須要注意，那就是**「傾聽部屬的協商」並不等於「接受部屬的要求」**。

這兩件事必須要分開來思考。

「傾聽協商」不等於「接受要求」。

最好先站穩這樣的立場。

二、不是由領導者出面解決問題，而是一起解決

當部屬找自己商量問題，或是部屬的行為造成自己的困擾時，領導者經常忍不住出面解決。

可是，一再反覆這樣的事，將無法培養部屬的思考能力。

不只如此，有些部屬甚至還會認為「只要找領導者商量，領導者就會為我解

決問題」，變得愈來愈依賴。

不要直接告訴部屬「答案」，而是用「發問」的方式，引導部屬自己思考。如果能做到這種對話是最好的了。

當部屬找自己商量時，**重點是「領導者一定要和部屬一起思考」解決問題的方法。**

這時，還有一件非常重要的事，那就是要把部屬視為「對等的工作夥伴」。不是以「領導者指導部屬」的形式，而是一起思考，一起討論，一起找出解決的方法。

三、不可流於情緒化，謹記理性討論

當部屬造成的問題為自己帶來困擾時，部屬的問題就成了彼此的「共同課題」。

但是，即使「感到困擾」，光是對部屬說「你這麼做我很困擾，可以不要這麼做嗎」，也無法進入互助合作的體制。

請**一定要採取「協商」、「拜託」的溝通方式。**

「你做出的事讓我感到很困擾。現在我們一起來想想能怎麼解決問題吧。」

像這樣跟部屬商量、拜託部屬一起思考解決之道，冷靜討論才是上策。

為了使「共同課題」成立，一定要把話清楚說出口，用冷靜的態度討論。

大家一起思考「共同課題」

≫不讓育兒中的員工造成其他人負擔的課題

到目前為止，我們在談到「分離課題」、「共同課題」時，都是從「領導者與部屬之間的關係」出發。

然而，職場上當然也有很多「部屬與部屬之間，因為思考方式的不同起爭執」的案例。

比方說，有小孩的員工和沒小孩的員工之間產生的爭執。

假設有兩位部屬，部屬A是有年幼小孩的員工，部屬B則是活躍職場的單身貴族，工作能力很強。

某天，部屬B對領導者提出抗議。

「只因為A有小孩就減少他的工作量，這樣太不公平了。我們明明領的是相同的薪水，要是能早點回家，我也想早點回家啊！」

的確，家有幼兒的部屬A從來不加班，早退或遲到的狀況也不少。這些時候，多出來的工作就會成為團隊其他成員的負擔。

只是，找部屬A來釐清狀況後，他也有話要說。

「以前我都有好好工作啊，只是現在考慮到孩子的事，無論如何都沒辦法做得跟以前一樣。可是，公司應該做的，是即使有像我這種狀況的員工在，也能確保公司好好運作不是嗎？」

與其說他們雙方都「正確」，不如說「雙方的說法都能被理解」。

這時，要是領導者對某一方做出「你這麼說不對」的裁判，好像也會引發問題。

話雖如此，繼續讓雙方爭執「自己的主張才正確」，也只會讓職場充滿一觸即發的緊張氣氛。

那麼，該如何把這個問題當成「共同課題」來解決呢？

今天這個案例，是部屬B先找領導者商量的，也就是說，確實符合了成為共同課題條件之一的「有任一方提出『協商』或『拜託』」。

首先，**第一件重要的事，是做出「是否該視為共同課題」的判斷**。即使是部屬之間的爭執，只要領導者判斷「這不是問題」，那也可能不會成為「共同課題」。

舉例來說，「部屬在討論工作如何進行時，對進行方法產生了爭論」，看在很多領導者眼中，或許只會認為「這是年輕員工之間常有的事，想必兩人都會在衝撞中成長吧」。當領導者判斷「這不是問題」，拒絕介入時，那就不會成為「共同課題」，只能說是「部屬自己的課題」。

但是，當領導者接受介入問題後，「共同課題」就成立了。

一旦成立之後，假設領導者和部屬B兩人都有「這是共同課題」的共識。

這時，請領導者先對部屬B表示「我明白你現在負擔很大」，釋出善意的理解。接著再告訴B「說A佔盡好處太奸詐」是沒有建設性的思考方式。

畢竟，即使在同一個職場，同樣的狀況下，會有人像B一樣覺得「太奸詐、不公平」，也會有人認為「總是會有這種事的嘛」。

「更長」、「更廣」的思考

接下來，請兩人一起合作思考解決方法。

比方說，可以請部屬B站在部屬A的立場思考。請B用「更長」、「更廣」的觀點來思考。

首先，從「更長」開始。領導者可以問B：「要不要試著從更長遠的觀點來

思考看看呢？」

意思就是，把思考的時間軸「拉得更長」。

在「現在」這個當下，A因為家有幼兒，必須早點回家。

如果只看「現在」，對無須照顧小孩的B和團隊其他人來說，A確實給大家造成了很多麻煩。

但是，如果把時間回溯到「過去」，就會想起A也曾對公司做出許多貢獻。

然後，再試著思考「未來」。小孩總有一天會長大，到時候，A或許又能重新對工作投入更多精力。

接著，再問B：**「能不能試著從更廣的觀點思考看看呢？」**這是要將「空間軸」拓展得更廣的思考方式。

換句話說，要思考的是「社會是否只由『職場』構成？」

A雖然是「職場上的一個人」，但同時也是「地域社會中的一個人」。

這麼一想，把養育小孩的行為放在比職場更廣大的共同體「社會」上來看，或許就不是「毫無貢獻」的一件事了。

生育小孩這件事，也可以說是在社會上肩負起培育未來人才，具有建設性的責任。

在範圍「更廣」的共同體中，這件事確實有其貢獻。

部屬們起爭執的時候，經常只看「短期」、「局部」來判斷事物。試著站在他人的立場，或是改變原有的觀點思考，將有助於加深對狀況的理解。領導者該做的，是用「發問」的方式引導部屬思考。這才是最重要的事。

一起想想「為了達成團隊目標，我們能做什麼」

那麼，接下來就是解決共同課題的具體對策了。

該如何想出這個對策呢？

在公司之類的組織中，每個部門、每個單位都有自己的目標。

例如，業務部的目標是提高業績；服務業的目標是增加顧客人數；開發或創意部門追求的則是商品開發數量及企劃數量。

每個部門、每個團隊都有符合自己的目標。

這時，請領導者和部屬B一起思考，朝向團隊目標邁進時，最多能增加負擔到什麼地步。

也就是找出「折衷點」。

比方說，部屬B提出的折衷點可能是「接下來一年可以努力多負擔一些」。

又或者，「假設現在部屬B為部屬A分擔的工作量是百分之百，B希望可以減少到百分之六十至七十」，像這樣分析業務份量，也是折衷的一種方式。

領導者則可以提出「提高對B的評價，給予相應的獎賞」等提案。

就像這樣，兩人從各方面討論各種可能的解決方法。

如果是業務部等有銷售目標的部門，「假設整個團隊的銷售額為一百，降到多少可以接受」，像這樣以具體數字討論折衷點，也是一個辦法。

重要的是，請領導者和部屬B一起思考「自己能做什麼」，互相提出想得到的解決方法。

這時，最好也可以請部屬A一同加入「共同課題」的思考，一起找尋解決方法。將團隊的現狀告訴A，請A一起思考自己在面對團隊課題時，「能否以其他方式做出貢獻」。

部屬A因為孩子年紀還小，無法付出大量時間。

那麼，思考的方向就可以是「在有限的時間中，能對團隊目標做出何種貢獻」。這時，或許A就會提出自己可以「負責在家也能做的調查工作」等解決方案。

或者，A的答案也可能是「請給我一年緩衝時間，明年開始應該就能增加負責的工作了」。

「若是公司願意增加員工在家執勤的時間，或許還能再多做一點工作」，也是其中一個解決方法。

重要的是，以一起面對「共同課題」為前提，每個人思考自己對共同課題能做出什麼貢獻，加以提案並付諸行動。

第3章
重點

▼ 在價值觀多元化的現代，領導者很難掌握部屬對什麼事有什麼想法。既然如此，那就不要去猜測，不過度干涉。要知道，表現得不開心的人，是對方「自己決定」不開心的。

▼ 不要因為擔心部屬，就「幫對方做」，也不要因為部屬「不做該做的事」而生氣。這些都是過度干涉「部屬的課題」。部屬的課題該由部屬自己解決。發現自己將兩者混淆的時候，就用「分離課題」的手法釐清。

▼ 「分離課題」充其量只是「為了建立互助合作關係的前置手續」。接下來還要面對「互助合作完成的目標」，不是將課題分離後就沒事了。想要解決「共同課題」，重要的是大家一起分擔思考解決方法。

Everyone is different.
However, that is important to
work as a team.

第 4 章

打造令人安心、信任的職場

當團隊成員彼此同心協力
為解決共同課題而努力時，
最需要重視的是什麼呢？
那就是，「打造一個彼此信任、相互尊敬的職場」。
此外，這個職場還能帶給成員「這裡有我一席之地」的安心感，
產生「為了大家，自己能做什麼」的貢獻感。
打造一個這樣的職場，
就是領導者最重要的任務。
本章將說明「打造這樣的職場」時，
不可或缺的「共同體感覺」及「同理心」。

現在的職場是能令人安心、信任的地方嗎？

嫌職場上「不做事的老傢伙」造成困擾的年輕部屬

最近常聽到的，是公司裡的「不做事的老傢伙問題」。

明明是公司裡的資深員工，領的薪水比年輕員工更高，卻完全不做事。除了造成年輕員工士氣低落，多出的工作還會給其他人帶來負擔。

D先生的職場上，同一個團隊裡也有這麼一個「不做事的老傢伙」。年收入超過千萬日圓，雖然過去也曾叱吒職場，現在卻是從早到晚坐在電腦前看高爾夫球或美食網站的冗員。

「偏偏愈是這種『不做事的老傢伙』，愈愛在開會的時候做出無謂的發言。不然就是晃到我們的位子旁邊說『我以前是這樣做的』、『你們這種做法真的行得通嗎？』他又不是上司，憑什麼說這種話啊！職場上有這種不做事的老傢伙，真的讓我們這些努力工作的二十多或三十多歲員工受不了耶！」D先生憤怒地抱怨著。

的確，團隊有團隊必須達成的業績目標。當團隊裡有這樣的人存在，就會形成加重其他人負擔的狀況。D先生難以忍受的心情，也是可以理解。

話雖如此，若受到這樣的影響，使年輕員工出現「那我也不想工作了」的心態，無論對團隊或對年輕員工本人都不是好事。員工難以成長，團隊也無法獲得健全而有建設性的發展。

那麼，身為領導者，在面臨這種狀況時，又該怎麼處理呢？

說得簡單一點，就是讓年輕員工理解**「不在意是最好的解決之道，在意也只**

是浪費時間」。

因為，這完全就是第三章提過的「分離課題」。

即使D先生那麼生氣，還是改變不了公司裡那位「不做事的老傢伙」。資深員工不做事，最後造成的後果會落在他自己身上，終究是資深員工自己的課題。

另一方面，D先生對不做事的老傢伙「生氣」，卻是D先生的課題。

「生氣」既耗費心神又浪費時間。就這層意義來說，D先生的體力和時間都白白浪費了，因此而造成的後果，最終將落在D先生自己身上，成為他的課題。

所以，「不要去在意」反而是最有建設性的應對方式。

同個團隊裡的人彼此信任、尊敬

不過，即使說著「在意不做事的老傢伙只是浪費時間」，還是可以想像得到年輕員工會說「我不能接受！」，不服氣地提出抗議。

年輕員工也一定會找領導者商量，或拜託領導者「想想辦法」。

當員工找領導者商量或拜託領導者想辦法時，若領導者回應「你說的沒錯，我必須想想辦法」，接受了部屬的協商或拜託，那這件事就會成為彼此之間的「共同課題」。

此外，若因為資深員工的「不做事」，造成年輕員工過度負擔，對整個團隊的工作成果帶來太多影響，也可說是對其他人「造成困擾」。

這種時候，這件事還是會成為「共同課題」，也就是年輕員工與領導者之間的「共同課題」。

那麼，該怎麼思考這個「共同課題」呢？

在思考這件事之前，先聊聊一個非常重要的基礎觀念吧。

那就是「共同體感覺」。

共同體感覺對職場而言至關重要。

第一章也提到過，所謂「共同體感覺」，指的是對同一個共同體裡的夥伴付出關心與信任，把每一個人視為個性不同的人，尊重每個人的差異。

此外，為了促進共同體中每位夥伴的幸福與成長，每個人都願意思考「自己能做什麼」，積極做出貢獻。

「這裡有我的一席之地」、「我可以待在這裡」。共同體感覺也包括了這樣的歸屬感。

上述情感與感覺的總稱，就是「共同體感覺」。

能在共同體中感覺到自己擁有一席之地，對共同體內的夥伴抱持尊敬與信任之情，自己也願意對共同體做出貢獻時，就能稱之為「共同體感覺」。

有沒有「共同體感覺」，是打造良好職場的重要關鍵。

關於共同體感覺，阿德勒說過這樣的話：

「想學習個人心理學，首要之務，就是必須先理解『共同體感覺』的概念。在我們的教育與治療上，這是最重要的概念。只有具備勇氣，具備自信，在這個世界上擁有屬於自己容身之處的人，才能活用人生中的優勢與劣勢，往好的方向發展。」

引用自《阿德勒心理學講義》

或許可以用以下這種簡單易懂的方式說明共同體感覺：

共同體感覺「不是I（我）」的感覺，而是「We（我們）」的感覺。

「We中的I」，就是「團隊中的一份子」。

我們該怎麼做才好呢？

我們能做什麼呢？

「能夠以『我們』為主詞來思考的感覺」，就是共同體感覺。

當然，「不做事的老傢伙」也包含在「我們」之中。

能否打造出其他人願意將不做事的老傢伙視為團隊一份子，「彼此尊重」、「相互信任」的職場，對解決「共同課題」來說非常重要。

打造彼此尊重、相互信任的職場

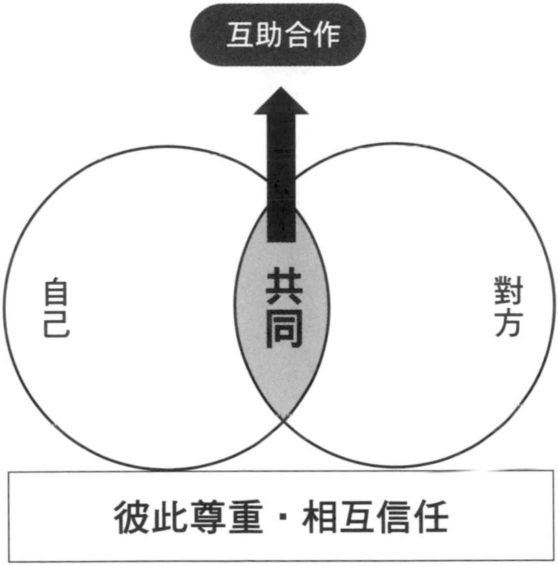

想設定「共同課題」，促進團隊成員互助合作，
打造一個「彼此尊重、相互信任」的職場，
是領導者不可或缺的任務。

在這樣的職場上，「共同課題」才容易成立。

如果沒有彼此尊重、相互信任的基礎，「共同課題」就很難成立。

即使人際關係不好，還是有可能做到「分離課題」。

說得極端一點，只要用「那是你的課題，不是我的課題」撇清切割就行了。

可是，面對「共同課題」時的態度，卻必須是「那是你的課題，也是我的課題」。必須建立「互助合作的關係」。

「心理安全感」與「共同體感覺」

近年來，商務職場上很盛行「心理安全感」的說法。

簡單來說，就是「團隊內的成員不會排斥或攻擊自己的言行舉止，自己覺得待在團隊內是安全的狀態」。

也有人說「生產性高的團隊，心理安全感也高」。

Google就是一間以實踐心理安全感聞名的公司。

能給人心理安全感的團隊，成員更樂於將意見說出口，整體來說，更容易達到互助合作，朝目標前進。

「擁有共同體感覺的團隊」，就很接近這個狀態。

只要有共同體感覺，團隊成員就能感到「這裡有自己的一席之地」，「和這裡的夥伴能彼此尊重，互相信任」，也「希望自己能為團隊做出貢獻」。

這麼一來，每個人都能自然發揮實力，做出成果。

所以，**領導者最重要的任務，是培育部屬的共同體感覺，打造具有共同體感覺的職場。**

阿德勒說過這樣的話：

「指導的第一目的乃培育適當的共同體感覺。健全而有益的目的，往往在共同體感覺下誕生。」

引用自《阿德勒心理學講義》

「不做事的老傢伙」也是團隊的一份子

聽到我說「培育共同體感覺」，有人會問「這意思是要我們去喜歡不做事的老傢伙嗎？」、「跟不做事的老傢伙培養好交情比較好嗎？」

可是，第一章提到共同體感覺時也說過，「共同體感覺」並不是「建立好交情」的意思。

在職場上擁有共同體感覺指的是：

「彼此之間存在互相信任的關係與夥伴意識，為了達到彼此共通的目標，各自思考自己能做什麼」。

在第一章中，曾舉足球國家代表隊為例說明，只有「彼此尊重，互相信任的團隊」，才能在真正的意義上發揮「以勝利為目標同心協力合作」的力量。

如果彼此之間無法互相尊重信任，想達到「以勝利為目標同心協力合作」是很困難的事。

以本章開頭提到的D先生案例來說，「不做事的老傢伙」和D先生都是團隊的一份子。能讓這兩人建立「彼此尊重」、「相互信任」的關係是最好的了。

即使「不做事的老傢伙」有缺點或問題，身為團隊的一份子，一定也有他的優點和足以為團隊貢獻的能力。他也是值得相互信任、合作的一個人。

只要D先生能夠這麼想，應該就不會再認為「不做事的老傢伙」是「討厭的存在」或「部門不需要的人」了。

最理想的做法，就是在職場上培育這樣的人際關係。

之後，**再針對「該怎麼做才能讓D先生和資深員工（不做事的老傢伙）都能在職場上發揮力量，使眾人工作起來更順利」，來思考解決對策。**

- 團隊中的每一個人，都對其他成員抱持信任。
- 擁有「這個團隊裡有我一席之地」的安心感。

- 思考「自己能為這個團隊做什麼」。

領導者在職場上的重要任務，就是帶領團隊成員這麼想。

「信用」與「信任」的不同是？

在談到共同體感覺時，經常聽到「信任」這個詞，可見「信任」有多重要。

- 信任他人。
- 信任團隊。
- 信任公司。
- 信任社會。

這些都很重要。

另外一個與「信任」類似的詞彙是「信用」。

信用和信任看似很像，其實不同。

用金融機構等經常使用的「信用交易」來說明，應該比較有助於理解「信用」的意思。

例如「因為我有信用，銀行願意貸款給我」、「因為信用不足，無法借貸款項」等。

換句話說，信用看的是這個人是否滿足某些「依據」或「條件」。必須根據某些數字、依據或條件佐證，「信用」才得以成立。

相較之下，「信任」就是毫無具體根據的相信了。

即使沒有證據或依據，也能完全相信對方，這就是「信任」。就像給對方一張空白支票。

阿德勒心理學重視的不是「信用」，而是「信任」。

在職場上也一樣。

信任一個人的全部。

沒有任何根據或依據，無條件信任部屬。

這是非常重要的事。

有問題的人，都缺乏「共同體感覺」

缺乏「共同體感覺」的人「只想到他自己」

「缺乏共同體感覺的人」有個固定傾向。

那就是，**只關心「自己」**。換句話說，就是「利己」或「利己主義」。

他們判斷的基準容易流於「對我而言」，他們的思考也傾向「我是正確的」、「那傢伙是錯的」。

也可以說，這是一種競爭意識強，過度在乎優劣的傾向。

像這種**「只要自己好就好」的思考方式，很容易對共同體造成不好的影響。**

舉例來說，某部門有一個業績特別出眾的業務。

可是，這個人對身邊的人展現的態度卻是「你們搞什麼，怎麼都不會」、「真是一群沒用的傢伙」。

只看這個業務自己一個人的業績，或許真的很優秀。可是，他話中帶刺的語氣，卻會降低其他人的工作意願。

他在「今天」的「這群人裡」，製造出了單純的勝利組與失敗組。

自己一人獨占勝利組，或許能讓他心滿意足，但也在部門裡製造了大量的失敗組。這對整個團隊來說，是一件沒有建設性的事。

有些人也像這個業務這樣。

「我是對的，那傢伙是錯的。」

「我很厲害，其他人都沒用。」

用「上下關係」、「善惡」、「正確／錯誤」的觀點來看事物。

這樣的人不但「利己」，也可說是「缺乏共同體感覺的人」。

如果希望團隊一起達成目標，就要讓這樣的人也擁有「共同體感覺」，這是團隊領導者的重要職責。

≫表現不好的人，不關心別人

我身為研習講師，負責指導過許多人，從公司經營者到主管階層、一般員工都有。

其中，有工作表現出色的人，也有工作表現差的人。

這兩者有什麼不同呢？

我認為最大的不同在於，工作表現不好的人「對別人漠不關心」。

工作表現不好的人，注意力都放在自己身上，對他人或他人身處的狀況則有漠不關心的傾向。

這應該也可以說是自以為高人一等的傾向。

阿德勒說過這樣的話：

「遇到人生中最大困難，給別人帶來最大危害的，就是對夥伴漠不關心的人。人類的種種失敗，都發生在這種人之中。」

引用自《自卑與超越》

「我們必須反對的，是那種只關心自己的人。那種態度對個人及團隊的進步都是最大的障礙。無論何種領域，只有在對夥伴抱持關心時，人類的能力才得以發展茁壯。」

引用自《自卑與超越》

想改變工作表現不好的部屬，必須請對方先提高對夥伴及職場周遭狀況的關心。關心他人、關心團隊工作內容、關心職場狀況，這就是第一步。

「共同體感覺」，也能成為心理健康的指數

》也能成為健康的指數

當我們在團隊之中，能夠感覺到「自己是隸屬團隊的一份子」、「在這個團隊裡有屬於我的一席之地」、「希望自己能對團隊夥伴做出貢獻」，就證明自己擁有健康的心態。

相反的，若完全沒有共同體感覺，就會陷入「這裡沒有我容身之處」、「不管在哪裡都無法感到安心」，或是「不會想為團隊夥伴做什麼」、「無法信任任何人」的狀態。

這種狀態，或許也可以說是「失去心理健康」的狀態。

「共同體感覺」的有無，是用來衡量心理健康的重要指標。

「有」或「沒有」共同體感覺，會產生何種差異，可從後述表格一目了然。

伴隨著這些差異，充滿共同體感覺的健康心理狀態，與沒有共同體感覺的不健康心理狀態，會使人產生哪些言行舉止上的不同呢？以下舉幾個例子來說明。

- 充滿共同體感覺時懂得「互助合作」，缺乏共同體感覺時會形成「競爭」。
- 充滿共同體感覺時湧現「想為誰做什麼的貢獻感」，缺乏共同體感覺時，會出現「想依賴別人的依賴感」。
- 充滿共同體感覺時能擁有「在職場上的歸屬感」，缺乏共同體感覺時感受到的是「在職場上格格不入」。
- 充滿共同體感覺時能夠「相互信任」，缺乏共同體感覺時則陷入「互不信任」。
- 充滿共同體感覺時能做出「具有建設性」的反應，缺乏共同體感覺時做出的是「不具建設性」的反應。

「有」和「沒有」共同體感覺的差異

	「沒有」共同體感覺的人	「有」共同體感覺的人
關心的方向	①自己的權益 ②如何保身 ③競爭（WIN or LOSE）	①共同體的權益 ②社會貢獻 ③互助合作（WIN-WIN）
彼此的關係	上下關係	對等關係
判斷基準	①對「我」而言 ②根據正邪善惡、優劣、上下高低為判斷基礎並加以排除	①對「我們」而言 ②認同彼此的差異和個性，寬容並存（承認差異性）
反應	非建設性的／有時甚至是破壞性的	建設性的
容易導向的結果	退化、幼兒化	成長、成熟

如果部屬做出「缺乏共同體感覺」的言行舉止，領導者就要多觀察、注意一下對方了。

當部屬因此為團隊或其他成員造成困擾，引起問題時，務必迅速將這個問題視為共同課題，對部屬提出協商，或拜託對方一起思考「接下來能做什麼」。

培育同理心

≫想像「如果我站在對方的立場」

想讓「對他人漠不關心，只關心自己」的部屬擁有共同體感覺，該怎麼做才好呢？

想和對方互助合作，一起解決共同課題，又該怎麼做呢？

關鍵就在「同理心」。

學生時代，師長是不是常常要求我們「重視同理心」、「培養同理心」。

商務職場上，近年來也開始要求「同理經營」。

阿德勒心理學當然也很重視「同理心」。

說得更詳細一點，這裡的「同理心」就是：

「用對方的眼睛看，用對方的耳朵聽，用對方的心去感受」。想像「如果我站在對方的立場……」，思考對方會有什麼感覺，有什麼想法，又會採取什麼樣的行動。

「同理心」的定義，也可以說是去關心「對方身處的狀況」、「對方的思考方式」、「對方的情緒」、「對方關心什麼」。

心理諮商或治療等，從事心理方面職業的人，以及從事教育工作的人，一定更能體會同理心的重要吧。

必須教育部屬、培養部屬的領導者，稱得上是教育工作者的一種。

培養「同理心」對領導者來說，或許也是一件不可或缺的事。

「一般來說，工作上的成功，取決於是否順利適應社會。只要能理解鄰居或顧客的需求，就能在商務上取得優勢。用他們的眼睛去看，用他們的耳朵去聽，像他們一樣去感覺，就是這樣的能力。擁有這種能力的人，工作多半會順利。」

引用自《阿德勒心理學講義》

也要想想「被社長狠狠斥責的人」的立場

說到「同理心」，我曾有過一個難為情的經驗。

我以前任職的公司，有段時間因為連連虧損，高層下令「節省支出」，要求員工徹底執行「盡可能刪減不必要的支出」。

當時，我的職位是由社長直接管轄的綜合企劃室課長。

某天，我看見社長祕書在社長室門口裝飾了一大把豪華花束。

我心頭一驚，忍不住開口指正：

「這是什麼？大家正在努力刪減支出，社長室怎麼能買這麼豪華的花束裝飾？」

沒想到，社長祕書告訴我：

「岩井課長，這花是我自掏腰包買的，不會跟公司請款。正因現在上頭下令所有人刪減支出，我才認為職場需要一點溫暖，所以買花回來裝飾。」

聽到她的回應後，我深深反省自己，竟然只用「自己的邏輯」去糾正社長祕書。

眼前的豪華花束和社長祕書的舉動，我都只用自己的眼睛去看，用自己的心情去感受，才會做出那種判斷，說出那種話。

然而，社長祕書不一樣。

因為她想到「正因現在上頭下令所有人刪減支出，我才認為職場需要一點溫暖」，所以買花回來裝飾。她注意到的，是公司裡為了上頭下令刪減支出而緊繃的氣氛。

把花裝飾在社長室門口，除了療癒員工，也能療癒來公司的訪客。

當時的社長，是個性比較嚴格的人，很多人都常受到社長狠狠斥責。社長祕書一定是希望大家受到斥責，離開社長室時，能從花束上得到一些溫暖。

這位社長祕書的觀點，正是「同理心」。

她不是用自己的眼睛去看，而是用「公司員工」、「來公司的訪客」、「被社長狠狠斥責的人」的眼睛去看，用他們的心去感受，才會做出「買花回來裝飾」的舉動。

這正可說是「同理心」。

別把「同理」誤解為「同情」

常常有人把「同理」誤解為「同情」。

可是，只要用這兩個字的英文來解釋，就會清楚許多。

寫成英文的話：

「同理」是「empathy」。

「同情」是「sympathy」。

兩者都有「pathy」，乍看之下很像。這裡的字尾「pathy」代表「情感」。

字首「em」有「進入～之中」的意思，「sym」則有「共同」、「同時」的意思。

一如英文字面顯示，「empathy」（同理）是「秉持自己的立場，進入對方的情感」。

相較之下，「sympathy」（同情）則是「自己的情感和對方的情感共鳴，合而為一」。

「同理」可在保有自我的情形下發揮，同情則彷彿自己和對方融為一體，無法分離，混淆不清。

這就是同情的危險之處。

我曾在護校任教二十多年。

當時，學校裡的老師經常對我說一句話：

「岩井老師，請一定要好好讓學生明白同情和同理的不同。」

因為一旦護理師進入「同情」模式，就很容易引起醫療糾紛。

出於「同情」，對方的痛苦會變得像自己的痛苦一般感同身受，情不自禁憐憫對方，產生「我非幫他不可」的心情。

這麼一來，對方痛苦，與對方同化的自己也痛苦。這樣的痛苦，有時會使人做出不該做的事。

另一方面，「同理」則是站在「我能明白你的痛苦，我能理解你很難受」的立場。

儘管能理解對方的心情與行為，但不會與對方同化。

「同情」基本上多始於「憐憫」，會令人分不清對方與自己。到最後，連自己也陷入同樣的痛苦。當這份痛苦演變得無法控制，就會忍不住出手幫助對方。

「同理」則是即使彼此立場不同，仍能將對方視為獨一無二的一人，付出關心，站在對方的立場思考。所以，同理心是可以控制的。

此外，**由於「同理」是站在超越自己的立場面對狀況，自我監控（self-monitoring）也成了不可或缺的觀點。**

必須放大視野，不只看自己，而是去看「狀況」和「對方」。

用「頭腦」思考對方的情感、想法與狀況。

就這層意義來說，**「同理」是可以靠學習獲得的技術。**

身為領導者，自己必須先理解「同理」的重要性。之後，也必須讓部屬學會「同理」的能力。

「同理」是互助合作的必經過程

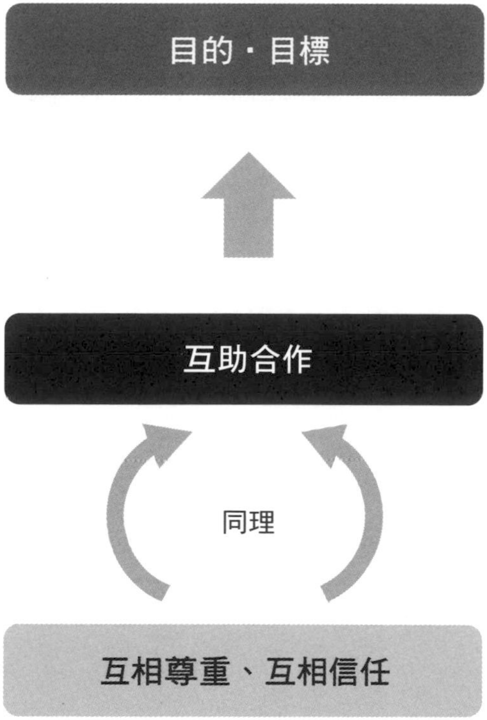

透過「同理」的力量，理解對方的立場。下一步才能建立「互助合作」的關係。

≫首先前往「現場」

想提高「同理」的力量，就要「用對方的眼睛看，用對方的耳朵聽，用對方的心去感受」。

當我在研習中如此分享時，經常有人問「能不能再講得更清楚易懂呢？比方說，該採取哪些具體行動？」

這種時候，我常說的是一個「驢子的故事」。

在一個小鎮，眾人飼養了一頭寶貝驢子。

有天驢子逃跑了，驚動了整個鎮上的人。大家在附近找了找，但是都沒有發現驢子的蹤影。

鎮上的長老們聚集在會議室裡討論。「為什麼驢子會逃跑」、「牠跑到哪裡去了？」

這時，一個在鎮上被稱為「傻瓜」的人走進會議室，說他「找到驢子了」。

長老們難以置信，逼問：「為什麼像你這樣的傻瓜找得到驢子？」

鎮上的傻瓜是這麼回答的：

「我聽說驢子逃跑了，就先去驢廄裡看看。接著，我再去驢子平常會去的地方，站在那裡，想像自己變成了驢子，揣測牠的心情，『如果驢子產生了想逃的心情，牠會往哪個方向逃呢？』我這麼想著，然後往想到的方向去找，就找到驢子了。」

這個「驢子的故事」，告訴我們一件重要的事。

長老們沒有一個人前往「現場」，他們只是待在會議室內，用人類的腦袋和人類的心情進行討論。

可是，鎮上的傻瓜做的第一件事，就是前往現場。化身為驢子，用驢子的腦袋和驢子的心情思考驢子會怎麼做。

這讓我們知道，重視「同理心」的行動，會是以下這樣的行動：

- 首先會去現場。
- 試著和當事人站在相同環境。
- 想像與當事人同樣的狀況，在這樣的狀況下思考。
- 拉開距離，用俯瞰的視線觀察包括自己和驢子在內的人事物。

想提高「同理心」，這些都是重要的行動。

≫關心他人，信任他人，先從自己開始

本章講述了「彼此信任，相互尊重」、「擁有共同體感覺」及「培養同理心」的重要性。

打造一個「具有共同體感覺的職場」，可以說是領導者的重要工作。

可是，部屬們也可能會說「不可能無條件付出信任」、「要對那種人抱持尊重太難了」。

這也不能怪部屬。

這種時候，請領導者自己先付出更多的信任，抱持更多尊重的心情。

唯有先改變自己，才能提高團隊的共同體感覺。

阿德勒說過這樣的話：

「必須有人先開始。就算其他人不合作，那也與你無關。這是我的建議。從你自己開始，不用去想其他人會不會合作。」

引用自《自卑與超越》

換句話說，「先從自己開始」。

自己不先改變，就不可能完成組織的改革。

與其要其他人改變，不如先改變自己。請領導者從自己開始改變。

這是非常重要的事。

當然，要把現有的職場改變為充滿安心感，成員之間彼此信任，互相尊重，成為一個擁有共同體感覺的團隊，需要花上一點時間。

說得更嚴格一點，要打造一個完美的「共同體感覺團隊」，說到底只是理想論。可是，我們仍必須持續懷著遠大的志向，朝這個理想及更美好的未來邁進。

而這些，可以說都必須由領導者帶頭開始做起。

首先，從領導者開始實踐

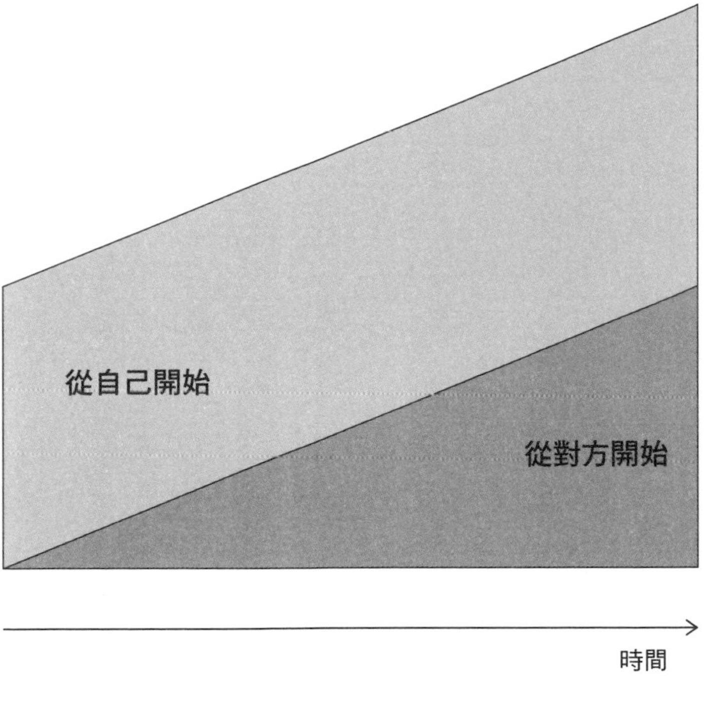

建立彼此信任，互相尊重的關係，
需要花上一點時間。

第4章
重點

▼「共同體感覺」，是對自己隸屬的共同體（團隊、組織、社會）懷抱的「信任感」、「貢獻感」、「歸屬感」等情感與感覺的總稱。

▼「缺乏共同體感覺的人」，關心的方向朝向「自己」。工作表現差的人，有「對他人漠不關心」的傾向。想讓不關心別人的人擁有共同體感覺，關鍵在「同理心」。

▼「同理」就是「用對方的眼睛看，用對方的耳朵聽，用對方的心去感受」。同理和同情不一樣。同理是能站在對方的立場，但不與對方同化。培養「同理心」，彼此信任、互相尊重是很重要的事。

Everyone is different.
However, that is important to
work as a team.

第 5 章

持續提出目的・目標

第四章說明了「打造能夠信任、安心的職場」，
以及「每個人都擁有共同體感覺」的重要性。
只是，不能光是等待職場或人才培育完成，
讓時間白白流失。

工作畢竟還是工作，
身為領導者，必須統整性格各自不同的部屬，
一起達成團隊目標。

接下來的第五章，就來談談如何
一邊打造理想職場，一邊達到目標。

理解目的，設定目標

認清「目的」與「目標」的不同

領導者的一大工作，就是指出「目的・目標」。

「目的」與「目標」聽起來很像，其實不一樣。

那麼，這兩個詞彙是如何不一樣呢？

工作的「目的」，指的是「『為了什麼』而工作？」

也就是工作追求的最終「標的」。

工作的「目標」，指的則是「『朝哪個方向』工作？」

也就是指引工作方向的「標示」。

「目的」也可以用使命、理念或任務代替。

像是企業經營的目的，就可以說是「經營理念」。

這是工作上非常重要的事。

因為，這就像是提出「公司為何而存在」的基本疑問。

另一方面，「目標」則是看著「目的」，在抵達目的地之前，短期、中期、長期應該分別「朝哪個方向做」、「先走到哪個地方」。

「目標」多半會以數字或成績的方式展現。

例如，「一年賣出一萬個」就是「目標」。

在這個目標背後的「希望製造更多方便消費者生活的商品」，就是「目

「目的」和「目標」的不同

目的 「為了什麼」而工作？

例
- 製造更多方便消費者生活的商品。
- 透過挑戰使自己更加成長。
  透過拿獎牌，為社會帶來良好影響。

目標 「朝哪個方向」工作？

例
- 一年賣出一萬個。
- 在奧運中拿獎牌。

● 看著「目的」，設定「目標」。
● 「目的」在「目標」之上。

的」。

「在奧運中拿獎牌」是「目標」。

達到目標後的「透過挑戰使自己更加成長」、「透過拿獎牌，為社會帶來良好影響」，則是「目的」。

「目的」在「目標」之上。

必須先設立目的，再設定實際的目標。

此外，設定目標後，不能只讓部屬看見目標，更重要的是，在告知目標之前，先讓他們知道目的。

如前面所說，「目的」和「目標」是看似很像，實則不同的東西。

身為領導者，要能一邊分辨其中的不同，一邊和部屬一起思考目標、設定目標。

「畫一條線時，眼睛如果不看著目標，線就無法畫到最後。」

引用自《個體心理學講座：阿德勒談校園裡的問題兒童》

（*Individualpsychologie in der Schule*）

≫目標要具體設定

領導者必須有「先理解目的，再落實為目標」的能力。

因為領導者的重要工作之一，就是確實理解公司的理念及使命，再用簡單易懂的方法對部屬說明。

將目的落實為目標，看著目的設定目標，這些都是領導者的重要工作。

這時，要盡可能將目標「分配」給每個團隊成員，使眾人都能輕易著手去做。

「太遠大的目標」或「偏離目的的目標」，往往容易使人失去工作意願，提不起幹勁。

設定目標時，我最重視的是「具・達・意・定・期」。

以下一一說明。

具「具體的」

假設「打造對任何人都很友善的店舖」是公司的「目的」或「理念」，那麼，設定目標時，就要**「具體說明對人友善是指哪些事」**。

「對任何人都要開朗禮貌地打招呼」、「店內的通道要夠寬敞，讓輪椅或娃娃車也能順利通過」、「店內工作人員都要學習照護知識」……等，像這樣提出具體目標。

達「達成度高」

「能夠達成」是設定目標時最重要的觀點。

目標門檻過高，會令人失去工作意願。設定「努力一點就能達到」的目標最剛好。

目標設定的重點

設定目標要注意「具・達・意・定・期」

具 「具體的」
具體來說是哪些事。

達 「達成度高」
容易達成。

意 「意願」
讓人產生努力的意願。

定 「定量」
可用數字衡量。

期 「期限」
是否設有期限。

意「意願」

有一種目標，即使「不太容易達成」，也會想去做。那就是**「讓人產生意願的目標」**。設定讓部屬產生意願，想去努力達成的目標，也是很重要的一件事。

只要能讓人產生意願，即使是門檻較高的目標，還是有可能達成。

定「定量」

「定量」的目標，就是**「能用數值衡量的目標」**。

換句話說，就是將目標數字化。

用數字來衡量，不管誰來看都不會誤解目標的意思。

例如「每個月十張新訂單」、「月銷售額一百萬」等，以數字來表示，任誰來看都一目了然的目標。

期「期限」

只要有期限，就能倒推進度。和存錢一樣，假設把「存一百萬圓」的期限，設定為「一年內」。這麼一來，就能具體推算出「一個月大概要存八萬五千圓」，也將更容易達到目標。

設定目標時，請記住「具・達・意・定・期」，務必實踐看看。

目標的前方看得見目的嗎？

在思考目標、設定目標之後，必須跟部屬分享目標。這時，有三個重點。

第一、「確實指出目的」。

「先有目的才有目標」，「目標」根據「目的」而設定。要是看不到目標前方的目的，部屬也會感到困惑。

將目標告知部屬時，一定也要跟他們確認「目的」。

第二、「同時傳達自己對部屬的期許」。

不能只是把目標告知部屬，還要同時表達自己對部屬的期許。

「希望你能做到○○」。

「希望你能完成○○的職責」。

就像這樣，同時表達對部屬的期許。

「期許」也可以說是「賦予職責」。

知道自己職責何在的人，更容易對團隊做出貢獻。

第三、「將決心或努力等精神層面的東西化為文字昭示」。

用簡單易懂的方式，將團隊成員們的決心及努力化為文字，也是領導者的重要任務。

以表格或報告的方式呈現也不錯。

「希望本團隊能在一年後開發出三項為消費者帶來幸福的商品。為此，希望各位每個月都能提出五件企劃」。

像這樣明文寫下，部屬就更容易意識到自己該怎麼努力。

「如果孩子想蓄積自己的力量克服困難，就必須有一個突破自我的運動目標。基於對現實的關心、對他人的關心及對合作的關心設定目標。」

引用自《自卑與超越》

區分目標的層級

儘管設定了目標，執行過程中還是會出現各種影響因素，有時，部屬也很難達成目標。

可能是領導者判斷失誤，設定了太高的目標。雖說只要獲得超乎想像的成長，還是能達成過高的目標。但是，太高遠的目標，也可能造成部屬工作意願低落。設定目標時不可不慎。

為了不使部屬失去工作意願，設定目標時，還有一個**「區分目標層級」的方法。**

在設定目標時，就先細分目標層級。

比方說，可以像下面這樣設定各種目標。

「終極目標」……與「目的」相近，近乎理想的目標。

「達成目標」……高水準的目標，等級比現狀高上許多。

「暫定目標」……以目前的能力再多一點努力就能達到的目標。

「最低限度的目標」……考慮到本身能力和可能遇到的風險，設定出「即使如此也要達到的目標」。

接下來，就因應部屬的實力、目前市場與環境的狀況等各方面條件，來區分使用不同層級的目標。

「雖然『達成目標』是○○，但目前我們先朝達到『暫定目標』△△努力吧。」

「最近大家狀況不好，姑且先達到『最低限度的目標』吧。」

像這樣，配合當前的狀況，區分使用目標。

如果只追求單一目標，面對的結果不是完全成功，就是完全失敗。這麼一來，不但部屬心情容易受挫，領導者也不容易看出部屬目前的實力和成長的程度。

但是，只要像這樣舉出幾個不同層級的目標，做出的成果既不是最好也不是最壞，有助部屬保持平常心，找到下一個目標。

區分不同層級目標，因應狀況改變目標，能讓部屬更容易投入工作。

糾正部屬時，要同時提出解決方法

≫即使解釋了「為什麼」，也不等於提出解決方法

團隊成員們一起朝目標前進時，部屬也會有停下腳步或表現消極的時候。甚至做出「偷懶」或「扯後腿」等非建設性的行為。站在領導者的立場，必須糾正部屬，指出部屬的缺失。

這時，希望各位能注意一件事。

很多領導者會用這種方式責問犯下失誤的部屬：

「你為什麼做不到？」

「為什麼失誤了？」

可是，我實在**不建議各位用「為什麼」或「追問原因」的方式追究部屬的失敗。**

因為即使「找出過去失敗的原因」，那也只是「解釋」了問題，而無法「解決」問題。

以前，我曾聽人說過某個經營策略顧問的事。那是公司高層為了改善公司體制，特地聘請來的顧問。

只要公司一有什麼問題，顧問就會發動「為什麼攻擊」，不斷反覆地問「為什麼會變成這樣？」、「為什麼沒注意到失誤？」、「為什麼放任部屬這麼做？」

不只如此，即使被問「為什麼」的人說了理由，顧問也會繼續罵「這種想法太天真了」、「沒有想像力」。

其實，就算問在第一線工作的員工「為什麼」，他們也很難給出一個好答案。因為工作上的失誤和失敗，經常沒有明確的因果關係。「因為我那時這麼想」、「因為我那時忍不住這麼做了」。為了回答「為什麼」，往往只會流於解釋過去自己的行動。

這些解釋的話，聽在某些人耳中就像藉口。

結果，顧問的「為什麼攻擊」只是讓第一線的員工累得筋疲力盡。

聽說最後也沒有為公司帶來什麼改善。

當然，無法達到目標或工作發生失誤時，思考原因確實很重要。

只是，**在思考原因的同時，最好也一起思考「今後該怎麼辦」的解決對策。**

光是追究原因，對下一次沒有太大幫助。只問「為什麼」，問到的往往也只是「對過去的解釋」。

比起用「為什麼」追究原因，倒不如一起思考「接下來怎麼做」才能達到目標。這樣對彼此而言，才是健全又有建設性的做法。

問「為什麼」只會得到「對過去發生的事的解釋」，很難獲得「接下來該怎麼做」的解決對策。

具有建設性思維的人會從「怎麼做」的角度思考

不考慮「目的」，只問「為什麼」來追究過去的失誤或失常，這種做法還有另一個弊端。

有時，**「為什麼」聽起來很像「責備對方的話」**。

「為什麼失誤了？」、「為什麼遲到了？」、「為什麼工作做不好？」聽到人家這麼說時，多數人都會感到受指責了吧。

更何況，包括失誤或失敗在內，失誤的地方愈被追究就愈做不好，這是人之常情。一天到晚追究失誤的職場，氣氛無論如何都好不起來。

因為害怕被追究失誤，擔心影響自己在公司內的評價，每個人神經緊繃，為了不犯錯，超乎必要地小心翼翼。

這麼一來，這個職場也會出現愈來愈多「是某某不好」、「是某某沒有好好工作」等指責別人的話語。

如果不希望職場變成這樣，請試著放棄對失誤或失敗追問「為什麼」。

更重要的是，問「為了什麼」來引導部屬想起原本的目的，或是用「怎麼做」來引導部屬思考接下來的做法。

「我們是為了什麼，才必須減少遲到呢？」

「該怎麼做才能減少遲到呢？」

「該怎麼做，工作才會進展得更順利呢？」

與其用「為什麼」追問做不到的原因，不如問「怎麼做」才做得到，或問「為了什麼」才希望自己做得到。

這才是放眼未來，具有建設性的做法。

≫糾正部屬時的兩大重點

應該有不少領導者有過被部屬氣得忍不住出言糾正的經驗吧。

這種時候，在「糾正的方法」上，有兩項重點。

第一，是**「再怎麼生氣」，也不能直接表現怒氣。**

不能在憤怒中糾正部屬。

不要怒罵著說「不准走那邊」，只要單純指出「走這條路比較好」就可以了。

第二，**糾正的同時，「展現期待」也很重要。**

「我很期待你的表現，不過，現在這個狀況，似乎還不太符合我的期待喔。」

「我認為你做得到，只是目前還稱不上做到了。」

就像這樣，也要對部屬表達自己的期待。

比起單純的糾正，一邊表達期待一邊提出糾正，會讓對方更積極求好。

還有一個重點必須告訴各位。

我在**談到「糾正的方式」時，絕對不會用「生氣的方式」或「斥責的方式」等說法。**因為「生氣」只不過是發洩情緒，「斥責」則表現出強烈的上對下關係。

所以，就算身為領導者，還是說「糾正的傳達方式」或「糾正的方式」比較適當。

≫發現過度追求目標時，就要回到「原點」

有時，過度追求目標會讓人忘了原本的目的。

因為太堅持目標，反而忘了目的才是最重要的事。

舉例來說，A先生公司的理念（目的）是「製造更好的商品，在消費者的生活中派上用場」。

為了達到這個目的，A先生的團隊設定了「一年銷售〇千萬」及「一個月銷售〇百萬」的目標。

然而，眾人拚了命想達到這個目標，在不知不覺中忘了「製造更好的商品，在消費者的生活中派上用場」的初衷，反而開始出現「就算沒有製造好的商品，只要銷售數字漂亮就好」的想法。

工作變成只是為了「追求業績數字」。

在商務職場上，這種事很容易發生。

會發生這種事，是因為迷失了「原本的目的」。

忘了「想做出更好的商品」、「想對消費者有所貢獻」這些原本的目的了。

想找回目的，重要的是「回到原點」。

「原本是為了什麼做這件事？」

「原本的目的是什麼？」

苦惱、迷惘時，請試著回想一下原點。

當團隊為了達成目標而迷失方向時，回到原點的想法，能帶領團隊重新振作，再次出發。

希望領導者可以重視的事

≫領導者應該看的是「優點」

職場上，領導者應該扮演的是「給予部屬正確評價，引導部屬發揮實力」的角色。

這種時候，有一個觀點非常重要。

那就是**「如何看人」的觀點**。

你是怎麼看待部屬、同事、家人或朋友的呢？

有些人總是會忍不住看缺點或討厭的地方，也就是「否定的一面」。但是，請盡可能去看「表現好的地方」、「優點」，也就是「肯定的一面」。

用肯定的觀點或否定的觀點看人，會決定你對部屬的態度、對工作的推展方式，甚至有可能改變生存之道。

比方說，有一個部屬總是在最後一刻才交出報告或資料。不過，交上來的資料內容一定寫得很仔細。

可以說他「動作太慢，不懂得整理大綱，要領太差了」。

也可以說他「動作或許有點慢，但內容詳細又清楚。一定是仔細思考到最後一刻了吧。雖然做事不懂要領，面對工作的態度倒是很誠懇」。

如果像前者那樣用否定的觀點看部屬，對部屬就會產生負面情感，態度也會愈來愈嚴苛。

相較之下，如果像後者那樣用肯定的觀點看部屬，就能做出積極正面的回應。

或許會轉而思考「動作雖然慢，但是很仔細」的優點，能運用在工作上的其他什麼地方。再者，既然知道他是因為「思考到最後一刻」才差點遲交，就能用「刻意把交件期限說得早一點」等具體對策解決這個問題了。

人都有缺點，也有做不好的地方。

可是，不要光看這些地方，而是去看對方的優點和他做得到的事，人際關係才會發展得更正面、健全。

老是看缺點或不好的地方也無法解決問題，反而會讓人際關係變得更糟糕。

把目光集中在對方的優點，善用對方的長處，彼此互助合作，工作才會進展得順利。

領導者應該秉持「遠大的觀點」

前面提到，「如何看人」很重要。

也提到「把目光放在長處」是一個好領導者的重要資質。

同樣重要的，還有另一種看事物的觀點。

那就是**「遠大的觀點」**。

也可以說是「看全體」、「看大局」的觀點。

具有建設性思維的領導者，能夠從遠大的觀點看事物。

第二章談到常理（共同的感覺）時也稍微提到過，從「更多」、「更廣」的觀點看出去，才能做更有建設性，更符合邏輯的思考。

舉例來說，有個部屬做了提案資料，拿給領導者過目。

「整體來說，內容訴求很強，非常好。只是我對幾個小地方有些在意。現在告訴你好嗎？就是這裡和這裡，如果你能修正就太好了。還有，這一點如果能多點詳細內容也會更好。原來是這個意思啊，那就請你這樣表達好嗎？」

「有兩個地方讓我很在意。關於這兩個地方，我想問一下你的想法。原來如此，是這個意思啊。那這裡這個數字又代表什麼意思呢？喔，我明白了。還有，這裡的表達方式我也有點在意，你想傳達什麼呢？原來如此，是這樣啊，那就請你照這樣修正吧。嗯，好的，整體來說這份資料應該沒有問題。」

你覺得哪個領導者說的比較好呢？

以結論來說，兩者都「ＯＫ」。

只是，前者表達得是不是更清楚，給人正面積極的印象呢？因為他一開始就先說了「整體的印象」。

「首先，整體來說是ＯＫ的。」一開始就這麼說的話，部屬也能立刻得知結論。知道領導者的結論是肯定的，部屬就能安心繼續接下來的討論。

相較之下，後者從細節開始談，最後才做出「整體來說沒問題」的結論。乍聽之下不知道他的重點是什麼，部屬也容易陷入混亂。

告知部屬工作目標時也一樣。首先，要把整體的目的和大目標告訴對方。先從遠大的觀點提出「我們的目的是這個」，接著說「所以，你的目標首先是這個，可以請你朝這個目標努力嗎？」再像這樣進一步設定詳細的目標。

關於部屬的人品，也是一樣的道理。如果只看細節小地方，每個人難免都有缺點或做不好的地方。所以，希望各位領導者都能去看整體，認同對方「也是很好的人」。

無論看事物或看人，都要秉持「遠大」、「開闊」的視線。

這是身為領導者需要提醒自己的事。

≫領導者應該「樂觀」思考

「樂觀」。

這是一個具有建設性思維的領導者不可或缺的要素。

擁有建設性思考的人，知道就算自己**超乎必要的煩惱或沮喪，事態也不會因此好轉。**

「總會有辦法的」。不如像這樣樂觀思考，把時間和精力用來思考解決對策，才更符合邏輯。

話雖如此，什麼都沒準備，不調查，只是一味「樂觀」也不行。事先進行各種準備和調查，做好自己能做的事，之後才能說「總會有辦法的」。

也就是，**「盡人事、聽天命」的態度。**

懂得建設性思考的人，即使遇到困難也不會放棄希望，是能夠接受挑戰的人。

「就算人數不足」。
「就算時間不夠」。
「就算部屬的實力還不充分」。
即使如此，還是覺得「總會有辦法」，願意挑戰的人。
這裡的「就算……也能……」，正是一種樂觀的心理狀態。這是很重要的特質。請各位領導者重視這樣的樂觀性。

第5章
重點

▼領導者必須明確指示「目的・目標」。「目的」和「目標」不一樣。「目的」是最終追求的標的，也可以說是「為了什麼」而工作。「目標」是指引工作方向的標示，也可以說是「朝哪個方向」努力。

▼糾正部屬時，不要問「為什麼」。那樣只會得到解釋，無法獲得解決。取而代之的是問「為了什麼？」、「怎麼做？」才能做到。發現自己過度追求目標時，就要回到「原點」，思考原本的目的。

▼領導者在看待人事物時，必須重視的是「看部屬的長處」、「遠大的觀點」、「樂觀的思考」。即使遇到困難的狀況，也要秉持「就算……也能……」的積極態度。

後記

感謝將本書讀到最後。

不知您是否發現了，這雖然是一本寫給領導者的書，卻不是所謂的「工具書」。

沒錯，在這本書中，完全沒有談到「這樣做部屬就會那樣動起來」之類的操作步驟。

本書寫的，是在「領導能力＝影響力」的概念下，根據阿德勒心理學「每個人都是具有獨特個性的不同存在」、「用對等關係取代上下關係」等理念，提供「即使是領導者與部屬的關係，但部屬也是你的合作對象」，也就是領導者如何與「跟隨者」基於彼此尊重、相互信任的基礎建立人際關係的重要訊息。

我想藉由這本書傳達的，或許可說是以下三個重點：
①不是只做完「分離課題」，還要透過「共同課題」；
②為了你所隸屬的廣義共同體；
③該如何思考、如何行動，才是具有建設性的做法？

這是一本想提出這個議題的書。

換句話說，

①這是一本嘗試解開市面上廣為流傳，以為阿德勒心理學「分離課題」是教人與人切割的誤解，宣導「分離課題」之後更應進入「共同課題」階段的書。
②這是一本將阿德勒心理學的核心價值觀「共同體感覺」應用在商務領域上，最簡單易懂又易於應用的書。

③這是一本徹底追求以「具有建設性的做法」，用「目的・目標」取代過往領導者以「正確／錯誤」為判斷基準的書。

以上也可說是本書的三大特徵。

時代已經進入追求合作、協調的「美好和諧」「令和」年代。可是，環顧周遭，別說平成年代了，那些競爭優劣的昭和遺毒依然充斥橫行。

其中之一，就是「以恐懼為動力」，另一項則是「正義感造成的分裂」。

關於「以恐懼為動力」，讀完本書的讀者應該已經理解，這種做法在心理學上不但沒有太大效果，甚至還可能帶來不良影響。

更麻煩的是「正義感造成的分裂」。

關於這點，由於篇幅關係，書中無法詳述太多，請容我在這篇「後記」裡補充說明。

主張「我（我們）是正確的」，自居正義時，必定會製造出「錯誤的」、「惡的」敵對者。

愈是預設自己有這樣的敵對者，愈能合理化自己的正當性，對峙的程度就愈來愈強，彼此之間的距離也愈來愈大。

換句話說，以「好／壞」、「正義／不正義」、「正確／錯誤」為判斷基準時，不但會加強「競爭」，如果再加上「喜歡／討厭」的判斷標準，就會形成排除「錯誤」、「不正確」、「討厭」的人或勢力的狀態。

結果將會帶來敵對的、分裂的人際關係。

我們本來應該在昭和時代就從這樣的人際關係中畢業，可是，連平成時代都還無法克服這一點，直到現在進入令和時代了，依然身陷分裂的漩渦中。

這時我注意到的，是自己長年學習的阿德勒所提倡的「建設性／非建設性」判斷基準。

「建設性／非建設性（有時甚至是破壞性）」的判斷基準，是思考「為了達成我們的目的・目標，除了自己之外，也要為了更廣大的共同體，彼此能夠同心協力做什麼？」，並據此為行動的判斷基準。

因為是「用合作原理取代競爭原理」的共生判斷基準，不會排除與自己意見不同的勢力，能邁向「用結合取代分裂」的時代。

阿德勒是一位堅信「人類進化」，並持續如此主張的心理學家。

他所提倡的「建設性／非建設性（有時甚至是破壞性）」判斷基準，除了對人際關係之外，也是一種對周遭的環境具有更強大傳播力的價值觀。

不過，由於這是一本寫給領導者的書，關於這點就不多做著墨了。

如果沒有Discover 21株式會社的責任編輯大田原惠美小姐，這本書的出版就無法實現，特於本書出版之際，在此表達感謝之情。

在出版《給工作者的阿德勒心理學》（働く人のためのアドラー心理学，暫譯）時，我就和當時擔任責任編輯的大田原小姐感到非常地意氣相投。這本書也

是由擁有相同價值觀的我們，兩人三腳合作下才能走到這一步。

另外，還要感謝參加過我所舉辦研習、演講的二十多萬人。如果沒有與這些人的交流，我的阿德勒心理學知識只會止於現學現賣的程度。是各位觸發我彌補自己的不足之處，更提供了我許多寶貴的案例。

最大的感謝，要獻給把這本書讀到這裡的你。你的向上心和好奇心，是促使自己讀到這裡的原動力。今後，希望你在面對課題時，能以具有建設性的方式活用這本書的內容。

此外，為了想進行更深更廣學習的你，以下將推薦一些同樣在阿德勒心理學基礎上，提倡以「建設性／非建設性（有時甚至是破壞性）」為判斷基準，發揮領導能力的書及其他工具。

如果你對阿德勒心理學本身感興趣，建議閱讀我監修的《一看就懂！圖解1小時讀懂阿德勒心理學》（永藤かおる著 商周出版）。正如本書原標題的「阿德勒超入門」，這是市面上最清楚易懂的阿德勒心理學書籍。

另外，雖然是其他出版社的作品，以下推薦三本給經營者／領導者的書。

- 《培育經營者的阿德勒心理學》（経営者を育てるアドラーの教え，暫譯）
- 《培育人才的阿德勒心理學》（人を育てるアドラー心理学，暫譯）
- 《用「鼓舞勇氣」激發工作意願！阿德勒式的領導者表達法》（「勇気づけ」でやる気を引き出す！アドラー流　リーダーの伝え方，暫譯）

除了書籍之外，HUMAN GUILD也推出其他可利用的工具。

①YouTube「アドラー心理学専門チャンネル/ヒューマン・ギルド」

https://www.youtube.com/channel/UCFSDEPGZ4kUu2a0EsTtWwmA

二〇二〇年七月開設至今，每個月四次，於星期一晚上九點發布影片。

②岩井俊憲部落格

https://blog.goo.ne.jp/iwai-humanguild

二〇〇八年八月開始，幾乎每天都會發布新文章，一點一滴累積著內容。

③HUMAN GUILD網站

https://www.hgld.co.jp

除了介紹各種提供給個人或團體、法人的研修課程外，網站上也有許多熱門話題、文章。希望藉著這個網站，與對阿德勒心理學感興趣的各位有更多接觸的機會。

岩井俊憲

國家圖書館出版品預行編目(CIP)資料

求同存異,阿德勒職場領導學：團隊夥伴各個不同,照樣帶出績效的勇氣領導/岩井俊憲著；邱香凝譯. -- 初版. -- 臺北市：商周出版：英屬蓋曼群島商家庭傳媒股份有限公司城邦分公司發行, 民112.06
232面；14.8×21公分. -- (ideaman；153)
譯自：みんな違う。それでも、チームで仕事を進めるために大切なこと
ISBN 978-626-318-678-1(平裝)
1.CST: 阿德勒(Adler, Alfred, 1870-1937) 2.CST: 企業領導 3.CST: 組織管理 4.CST: 組織心理學
494.2　　112006217

ideaman 153

求同存異，阿德勒職場領導學：團隊夥伴各個不同，照樣帶出績效的勇氣領導

原著書名／みんな違う。それでも、チームで仕事を進めるために大切なこと
原出版社／ディスカヴァー・トゥエンティワン
作者／岩井俊憲
譯者／邱香凝
企劃選書／劉枚瑛
責任編輯／劉枚瑛

版權部／吳亭儀、江欣瑜、林易萱
行銷業務／黃崇華、周佑潔、華華
總編輯／何宜珍
總經理／彭之琬
事業群總經理／黃淑貞
發行人／何飛鵬
法律顧問／元禾法律事務所　王子文律師
出版／商周出版
台北市104中山區民生東路二段141號9樓
電話：(02) 2500-7008　傳真：(02) 2500-7759
E-mail：bwp.service@cite.com.tw
Blog：http://bwp25007008.pixnet.net./blog
發行／英屬蓋曼群島商家庭傳媒股份有限公司城邦分公司
台北市104中山區民生東路二段141號2樓
書虫客服專線：(02)2500-7718、(02) 2500-7719
服務時間：週一至週五上午09:30-12:00；下午13:30-17:00
24小時傳真專線：(02) 2500-1990；(02) 2500-1991
劃撥帳號：19863813　戶名：書虫股份有限公司
讀者服務信箱：service@readingclub.com.tw
城邦讀書花園：www.cite.com.tw
香港發行所／城邦(香港)出版群組有限公司
香港灣仔駱克道193號超商業中心1樓
電話：(852) 25086231傳真：(852) 25789337
E-mailL：hkcite@biznetvigator.com
馬新發行所／城邦(馬新)出版群組【Cité (M) Sdn. Bhd】
41, Jalan Radin Anum, Bandar Baru Sri Petaling,
57000 Kuala Lumpur, Malaysia.
電話：(603)90563833　傳真：(603)90576622
E-mail：services@cite.my

美術設計／萬勝安
內頁編排／簡至成
印刷／卡樂彩色製版印刷有限公司
經銷商／聯合發行股份有限公司
電話：(02)2917-8022　傳真：(02)2911-0053

■2023年（民112）6月1日初版
定價／360元

Printed in Taiwan

城邦讀書花園
www.cite.com.tw

ISBN 978-626-318-678-1　ISBN 978-626-318-694-1（EPUB）

商周出版

廣	告	回	函
北區郵政管理登記證			
台北廣字第000791號			
郵資已付，免貼郵票			

104台北市民生東路二段 141 號 B1

英屬蓋曼群島商家庭傳媒股份有限公司
城邦分公司

請沿虛線對摺，謝謝！

商周出版

書號：BI7153　　書名：求同存異，阿德勒職場領導學　編碼：

請於此處用膠水黏貼

商周出版

讀者回函卡

線上版讀者回函卡

感謝您購買我們出版的書籍！請費心填寫此回函卡，我們將不定期寄上城邦集團最新的出版訊息。

姓名：________________________ 性別：□男 □女

生日：西元__________年__________月__________日

地址：________________________

聯絡電話：______________ 傳真：______________

E-mail ：

學歷：□ 1. 小學 □ 2. 國中 □ 3. 高中 □ 4. 大學 □ 5. 研究所以上

職業：□ 1. 學生 □ 2. 軍公教 □ 3. 服務 □ 4. 金融 □ 5. 製造 □ 6. 資訊
□ 7. 傳播 □ 8. 自由業 □ 9. 農漁牧 □ 10. 家管 □ 11. 退休
□ 12. 其他________________________

您從何種方式得知本書消息？

□ 1. 書店 □ 2. 網路 □ 3. 報紙 □ 4. 雜誌 □ 5. 廣播 □ 6. 電視
□ 7. 親友推薦 □ 8. 其他________________________

您通常以何種方式購書？

□ 1. 書店 □ 2. 網路 □ 3. 傳真訂購 □ 4. 郵局劃撥 □ 5. 其他______

您喜歡閱讀那些類別的書籍？

□ 1. 財經商業 □ 2. 自然科學 □ 3. 歷史 □ 4. 法律 □ 5. 文學
□ 6. 休閒旅遊 □ 7. 小說 □ 8. 人物傳記 □ 9. 生活、勵志 □ 10. 其他

對我們的建議：________________________

____

____

請於此處用膠水黏貼

Ideaman